U0100669

大展好書 好書大展

逃離地球毀滅的命運

深野一幸／著
吳秋嬌／譯

前言

即將進入二十一世紀的現在，令人覺得真的進入了真正的宇宙時代。不單大衆傳播媒體經常報導有關外星人、UFO的消息，TBS的職員秋山豐寬，更在去年完成了日本人的首次宇宙飛行。

如今，世界各地都掀起一股「宇宙熱」。但冷靜想想，我們對宇宙和地球的未來，究竟瞭解多少呢？事實上可說一無所知；當然，也可以說宇宙之神有意不讓我們知道。

目前我們所知有關「宇宙」的情報，都是得自科學知識的片段資訊，或是由故意散播的錯誤情報所構成的。

宇宙有別於我們所居住的物質世界，是屬於非物質世界，在其空間中蘊含著無窮無盡的宇宙能源。而今迫在眉睫的，是地球毀滅的危機。外星人和UFO是實際存在的——儘管這是真實的情報，但是知道的人卻很少。

本書的目的，就是公開這些事實真相。

當前地球文明正因能源問題、環境問題、人口及糧食問題等，陷入窘迫的狀態，其中又以能源問題最為嚴重。石油、煤等的燃燒，使二氧化碳濃度增加而引起的地球溫室效應，以及原子力發電的安全性等問題，在在引發疑慮，希望擁有乾淨、安全、價格便宜的代替能源，是現代人共同的願望，只可惜至今仍然無法得償所願。

本書將給各位一個明確的解答。這個代替能源，就是在人類周圍空間中蘊含的無窮無盡的宇宙能源。已經進化的外星人，便是利用宇宙能源作為UFO的飛行能源。只要能夠開發利用宇宙能源的技術，能源問題即可迎刃而解。換言之，所謂宇宙能源，就是外星人為了拯救地球而送給地球人的大禮。

筆者希望能有更多人看到本書，從而對宇宙能源的存在與宇宙構造有更深入的認識。

目錄

第2章 人類周圍存在著宇宙能源

第3章　由空間取得電

第4章 肉眼看不到的世界

第5章　宇宙的構造

第6章 太陽不是很燙的星球

第7章　解析超常現象的構造

序　章　揭開宇宙文明序幕的日子近了

UFO・外星人確實存在

目前坊間興起一股UFO熱，不僅電視上經常播放有關UFO的影片，書店裡也有各種與UFO・外星人有關的書籍公開販賣。

UFO熱的興起其來有自。那就是，美國政府隱瞞了四十年以上的外星人・UFO情報，已經逐漸洩露出去。而隨著UFO頻頻飛來地球，民衆目擊UFO的事件也不斷增加。類似事件除了在英國極爲常見之外，最近發生在日本的神秘圈事件，據傳也是UFO所造成的。

在美國政府開始釋出少許UFO・外星人情報的同時，UFO飛來地球的事件之所以增多，自然有其理由。其目的或許稍有不同，但本質卻是相同。

其本質在於不引起震撼的情況下，告知地球人除了地球人以外，還有進化的外星人存在，而且已經來到地球。稍後將爲各位說明，地球已開始迎向宇宙文明的時代。由此可知，目前頻頻發生的UFO事件，讓地球人知道有比自己更進化的外星人或UFO存在，乃是告知已經揭開宇宙文明序幕的前兆。

地球人一直以爲，太陽系中只有地球才有生物居住，而且相信地球人具有高度文明，是最高等的生物。因此，大部分人都不相信會有比自己具有更高度文明的外星人，或能夠自由自在飛行的ＵＦＯ等存在。

但事實勝於雄辯。的確有比地球人更進化的外星人存在，而且他們經常乘坐ＵＦＯ來到地球。

能夠直接見到外星人獲得情報，或利用心電感應、自動書寫等手段，間接從外星人那兒獲得情報的靈媒，在世界各地都有。當然，國內也有靈媒存在。我就認識幾個靈媒，透過直接與他們交談聽到了很多情報，因此我對ＵＦＯ·外星人的存在深信不疑。

住在北海道帶廣的藤原由浩，曾於一九七四年在北見市郊外見到外星人，同時還被吸上ＵＦＯ。記性好的讀者，可能還記得曾經在電視上看過他。

在這次事件過後，藤原一直和外星人保持接觸。與他接觸的外星人，是來自距離地球二十五億光年的沙蒙克爾星。他們是因爲地球正瀕臨毀滅，爲了拯救地球人而來的。

藤原曾數度乘坐ＵＦＯ到二十五億光年外的沙蒙克爾星去，並且由外星人教導他操縱ＵＦＯ的方法，目前已能獨自操縱ＵＦＯ飛行。像藤原這樣的靈媒在世界各地都有，各自爲了不同的目的而活動。以藤原爲例，主要是從事抑制地震的活動。

我說在我周圍就有幾個像藤原一樣能與外星人接觸的靈媒，各位或許很難相信，但這卻是不爭的事實。

ＵＦＯ・外星人的確存在！即將迎向宇宙文明時代的地球人，爲了儘早實現宇宙文明，應該有更多人體認到外星人・ＵＦＯ的存在。此外，宇宙意識也必須早日覺醒。

地球人太遲了

比地球人更高度進化的外星人確實存在；而他們乘坐自製的宇宙飛行船，也就是ＵＦＯ來到地球，也是毋庸置疑的事實。那麼，地球人與進化的外星人有何不同呢？

簡單地說，就是文明發遠程度有很大的差距。和已進化的外星人文明相比，地球文明的水準和發展實在太遲了。

或許有人會對我的說法提出異議，認爲：「不，地球科學近年來有飛躍的進步，已經接近最高的水準了。」

的確，數十年來地球的科學文明有飛躍的發展。例如，在電子學、電腦、遺傳因子工學等高科技，以及新素材開發、醫療技術、宇宙開發等各個不同的領域，地球的科學技術確實有顯著的發展。

但這些科學技術，只是以肉眼得到的「物質世界」爲對象，並未留意到除此以外的世界。這就是地球科學文明「太遲」的主要原因。

以下簡單爲各位說明。

在前著『一九九×年地球毀滅』一書中，曾經提及包圍人類的宇宙，是由肉眼看得到的「物質世界」與肉眼看不到的「非物質世界」所構成的。而肉眼看不到的「非物質世界」，則是由比物質世界的素粒子小很多的超微粒子所構成，是擁有包括人類靈魂在內的「靈能源生命體」的世界。

我們稱其爲「靈的世界」「精神世界」或「高次元世界」。此一世界因微粒子大小不同，又分爲多數世界（次元），我稱之爲「多次元世界」。試著以公式來表示宇宙的構造，其結果如下：

宇宙＝物質世界＋多次元世界

儘管宇宙是由物質世界與多次元世界所構成，但事實上以往人類所不知道的多次元世界，才是宇宙本質的世界。

進化的外星人熟知宇宙的構造。不光是物質世界的文明，連宇宙本質世界，亦即多次元世界的文明也高度發達，因此科學文明的進化程度遠超過地球的科學。外星人的科學技術實在好在哪裡呢？由其不需使用原子力或石化燃料，而以地球人不知道的空間能源製造出能在宇宙間自由飛行的ＵＦＯ，即可瞭解。

已進化的外星人的科學程度，與現今地球人的科學有很大差距。如果說已進化的外星人的科學是大人程度，則當今地球人的科學只達小學生程度而已。

進化的外星人，使多次元世界文明發達，但是地球的科學家們，根本未注意到宇宙的本質多次元世界，只以非本質的物質世界爲研究對象發展科學。因此，地球科學已經大幅落後，處於低水準卻甘之如飴。

能解決能源危機嗎

我要向各位讀者提出一項嚴重警告：

「如今我們所居住的地球，正一步步走向毀滅之路。」

這絕對不是無的放矢或恫嚇，而是基於宇宙法則必然的結果，是已經決定、人類無法逃脫命運。凡是看過我前一本書的讀者，想必都能瞭解這番話的意義。

事情是這樣的：

本世紀末人類所居住的地球會面臨大毀滅，屆時將會有三分之二以上的地球人死亡。之後，地球將成爲「宇宙文明的偉大世界」——這個我所謂的「神的計劃」，也就是根據「宇宙進行預定表」擬好的人類未來的「實際情形」。

假若地球文明仍然照現有方式進步，那麼地球人與地球的未來，全都會按照「神的計劃」演變。

所以，重大危機已經迫在眉睫，乃是不爭的事實。

關於這點，只要看看地球上各種殘酷的事實就可以瞭解了。

如今，地球人正面對能源危機及因能源危機而引起的地球環境破壞的重大問題，可說已陷入窘迫的狀態中。以能源危機來說，近年來由於石油、煤等石化燃料大量消耗，大氣中的二氧化碳濃度增加，結果導致地球產生溫室效應及環境遭到破壞，因而再也不容許像以往那樣大量消耗了。

資源是有限的，我們必須儘早覺悟：「石油早晚都會用盡」。前幾年在中東爆發的波斯灣戰爭，更加深了人類「對資源不安」的心理。

那麼，核能又如何呢?三里島事件及車諾比核能發電廠爆炸事件，使核能發電的安全性受到了嚴重考驗。其結果是，世界各地紛紛掀起反核運動，目前國際間也已不再提倡核能發電。

既然石油和核能都不足以倚恃，我們有必要找出代替的能源。

但截至目前爲止，表面上我們還未能發現任何比石化燃料或核能更便宜、安全、乾淨且大量存在的能源。

爲什麼會有這種情形發生呢?正如前面所敘述的，這是因爲地球科學是物質科學，忽略了宇宙本質世界「多次元世界」所致。

在人類周圍有理想的能源

事實上，人類未察覺到的另一個世界「多次元世界」，已經爲我們準備好了答案。

這個答案就是「宇宙能源」的存在。

也就是說，在多次元世界裡，所謂的「宇宙能源」或「空間能源」，這種無窮盡的理想能源是存在的。

「宇宙能源」是多次元世界的能源，但多次元世界與物質世界重疊存在，因此在人類周圍的空間中，也存在著無窮盡的宇宙能源。

是以只要能察覺其存在，就能取出能源加以利用。

這就是先前我說「表面上還沒有發現任何能取代石油或核能的能源」的依據。

各位或許很難相信在我們周圍的空間中存在著無窮盡的能源，但這卻是如假包換的事實。

事實勝於雄辯，下面就舉個證明宇宙能源存在的實例。

一九九〇年三月，日本朝日電視台在一個深夜播放的節目中，以「拯救地球的二十一世紀新發明．新發現」爲題，介紹了多項新技術及新發明。其中之一爲奧利安．約瑟所發明的「從空間取得能源的新技術」。具體的說，就是從空間取得宇宙能源的電池開發。

此種如夢想般的電池，特徵在於電池的電力消耗怠盡後，只要擱置數小時便能恢復電力。

約瑟將其發明商品化，製造出以宇宙能源爲動力的電池式刮鬍刀。以物質世界的科學技術而言，此種刮鬍刀的確是超乎想像的偉大發明。

當電壓下降時，放入機械中的電池，就能由空間自然取得宇宙能源，轉化爲電而進行充電。因此，既不必換電池也不必充電，只要機械本身不遭到破壞，就能一直使用下去，可說是最能符合人類理想的刮鬍刀。

不過，儘管試驗商品已經完成，卻必須在通過一連串的測試後才能上市銷售。

一旦這種刮鬍刀正式上市，大家自然就能清楚認識到宇宙能源的存在。可以確定的是，屆時必然會掀起一大堆話題。現在，就請各位拭目以待吧！

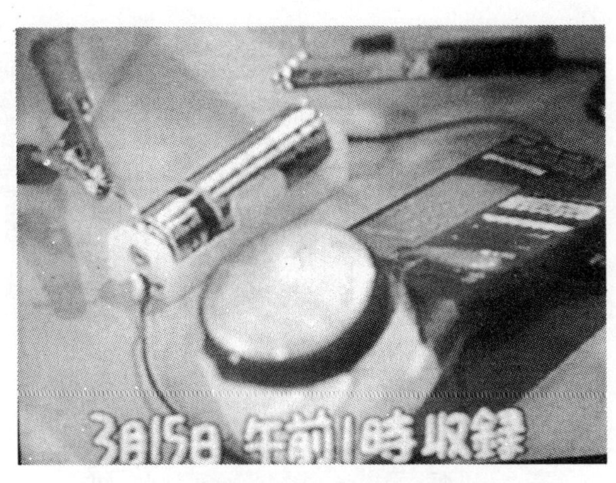

從空間取得宇宙能源的刮鬍刀

由奧利安·約瑟的例子可以知道，從空間取得電而開發出宇宙能源發電機或蓄電器的例子，在過去就有許多。

關於這些宇宙能源研究者的功績與成果，本文中將陸續爲各位介紹。遺憾的是，還有很多地球人不知道此一理想能源的存在與利用法。一小部分察覺其存在的地球人，則繼續致力於開發新的利用技術。

對地球人而言，不知道自己周圍就有無窮盡的宇宙能源，無疑是一大悲劇。只要知道宇宙能源的存在，並努力開發利用技術，相信當前嚴重的能源危機必能迎刃而解。

以這意義來看，高喊能源危機乃是地球人的無知妄言，因爲真正的能源危機根本不存在。

太陽系的真相

當前地球文明之所以陷入進退維谷的境地，原因之一在於地球人太過無知、過度重視地球科學而忽略多次元世界，在低水準中甘之如飴的緣故。另一個原因，則是由於一般地球人並不瞭解太陽系的真相。不，正確地說應該是一般地球人無法得知太陽系的真相。

根據美、蘇等國過去所發表的宇宙探查資料，在太陽系的行星當中，只有地球有生物居住，而很多地球人都對此一報告深信不疑。

但事實並非如此。

關於太陽系的真相，將留待後章再詳加敘述，在此先爲各位介紹其梗概。

①火星、金星、水星、土星、海王星等太陽系所有行星和月球、地球一樣，都有水和空氣，都是能讓生物安居的星球。

②這些星球上住著比地球人更高度進化的外星人。在月球背面，就有外星人建立基地在那兒居住。

③在太陽系的行星當中，地球人的進化最遲，是孤立的存在。那是因爲，地球人的祖先是精神性較低的「不良外星人」，被放逐到地球成爲「流放者」所致。

以上就是關於太陽系與地球的真實情況。

將問題兒流放到地球的外星人，認爲光這樣還不足以解決一切問題，於是偶爾會出現在地球人面前加以教育。像釋迦、基督、穆罕默德、日蓮等宗教指導者，諾瑟拉達姆斯、艾得加、凱西等預言家，尼可拉、提斯拉、愛因斯坦等科學家，都是具備外星人的魂而生爲地球人的超能力者。

隱瞞太陽系真相的「影子世界政府」

一般地球人之所以無法得知太陽系的真相，是因爲隱蔽工作以地球性規模在進行著。而且，此項「陰謀」至今仍在進行當中。

極力隱瞞太陽系真相的巨大勢力，即爲「影子世界政府」。「影子世界政府」明知「除了地球以外，太陽系行星中還住著比地球人更高度進化的外星人」，卻命令美國隱瞞太陽系的真相，不讓一般地球人知道這個情報。

當然，這麼做是有道理的。住在地球以外太陽系行星上的外星人，比地球人更加進化，建立了一個物質文明與精神文明調和的理想社會。已進化的外星人，知道宇宙真理及宇宙構造、恪遵宇宙法則，過著精神性極高的生活方式，因此在他們的世界裡，沒有戰爭、犯罪或疾病。此外，不僅能廣泛地利用存在於宇宙空間中的無限能源，同時也不需要貨幣。

一旦知道「在太陽系的行星中，住著比地球人更高度進化的外星人」，必然會使地球人受到很大打擊。而在知道精神性較高的外星人的現況後，地球人勢必希望擁有像其它太陽系行星同樣的宇宙文明社會。

但在另一方面，「影子世界政府」則是在能源、軍需、穀物及情報等世界中樞產業中，居於執牛耳地位的巨大財閥勢力。

一旦地球人進入無貨幣經濟制度的高度進化社會，地球上舊有的社會體制和經濟結構必將崩潰，使既得利益的「影子世界政府」蒙受重大損失。爲免發生上述危機，「影子世界政府」乃全力進行全球性的隱蔽工作。

地球正面臨大毀滅

在宇宙的多次元世界中，所謂的發展．記錄，是以波動方式，將宇宙開闢的過去及預期的未來記錄下來。其中，未來是根據宇宙法則「原因與結果法則」來決定，但並非一成不變，有時也會依情況不同而變更預定的計劃。

由超能力者進化的外星人，能夠閱讀發展、記錄，並告知地球人各種情報，例如釋迦、日蓮、空海、諾瑟拉達姆斯、艾得加・凱西等人的預言。這些人的預言都具有共通性，其原因就在於情報源係來自相同的發展、記錄。

在世界各地，不論古今中外都有各種預言，只要稍加整理，就會發現一些共通的大預言，其內容如下：

①地球在二十世紀末會面臨大毀滅的命運。

②二十一世紀會出現一個至福千年的樂園世界。

換言之，地球在經過大毀滅以後，就能成爲一個具有宇宙文明的偉大世界。

那麼，爲什麼會發生地球大毀滅呢？

那是因爲，地球人不明白有多次元世界存在，不瞭解宇宙構造和宇宙真理、觸犯宇宙法則所致。過去數千年來，地球人執著於地球文明、破壞地球、污染地球，累積了無數業障。基於宇宙法則及反抗業障，乃導致地球大毀滅。

簡言之，地球大毀滅就好像地球大掃除一樣。而大掃除具有兩種意義。

其一是使受到破壞、污染的地球本身變得乾淨。地球本身是一個生命體，會產生治癒反應。而其淨化作用，則是地球邁入二十一世紀成爲宇宙文明世界的準備作業。

其二是地球人類大掃除，亦即對不具有宇宙意識的人進行掃除，令其在其它星球再生。至於宇宙意識已經覺醒的人，則被進化的外星人提攜到空中，在新生的地球享受好不容易完成的宇宙文明。因此，地球大掃除也可說是地球人的選別作業。

綜合以上所述可知，地球大毀滅乃是基於宇宙法則，具有明確目的而產生的。

如果地球文明一直保持目前狀態，亦即地球人仍然忽略宇宙構造及真理，一味地追求物質文明，使地球持續遭到破壞、污染，則世紀末大毀滅一定會到來。

要如何才能防止地球大毀滅呢？答案已經告訴各位，也就是地球人必須承認有多次元世界存在、瞭解宇宙構造及真理，讓宇宙意識覺醒並改變以往的生活方式。另外，還要開發存在於多次元世界的宇宙能源的利用技術，廣泛利用以儘早建立宇宙文明社會，使預定計劃朝好的方向發展。

本書除了說明宇宙能源的存在與構造之外，還將宇宙能源利用技術的開發包括在內，廣泛地探討地球文明的改革。若本書能爲已經進退維谷的地球文明打開一條道路，開創光明的未來，則筆者備感幸甚！

第1章
UFO利用宇宙能源飛行

UFO利用宇宙能源飛行

一提到外星人或UFO，很多人認爲那只是科幻小說或夢幻世界裡的情節，真實世界裡根本就不存在。但是正如序章所言，地球大毀滅既已迫在眉睫，現在已經不是討論外星人和UFO是否存在這種低水平問題的時候了。

當務之急是，在瞭解外星人、UFO的存在後，查明外星人究竟是哪些外星人，來自那一星球，來到地球的目的爲何，以及UFO以什麼爲能源，以何種原理飛行等。換句話說，眼前急需要做的，是聆聽乘坐UFO來到地球的外星人的心聲。一旦有所認識，各位就會明白地球人的文明有多麼落後，而這也正是地球人宇宙意識覺醒、建設新宇宙文明社會的開始。

由過往所發生的UFO墜落事件及墜落UFO回收事件，可知UFO確實存在。像洛茲威爾UFO墜落事件（一九四七年七月）、新墨西哥州亞茲提克UFO墜落事件（一九四八年四月）及墨西哥UFO墜落事件等，都是最好的證明。

這些事件的報導完全被封鎖，因此不爲一般大衆所知。據可靠消息來源指出，美國政府將墜落的UFO及UFO上的外星人屍體，秘密運往俄亥俄州迪敦的萊特帕塔森基地。

UFO利用宇宙能源飛行

對墜落的UFO當然要詳加調查。奇怪的是，不管是哪一架墜落的UFO，都未發現石油、氫等燃料或原子爐，因此UFO的推進原理，UFO以什麼爲能源及根據何種原理飛行，至今仍然是個謎。

另一方面，在與外星人的接觸當中，有人接收了關於UFO飛行原理的情報。其共通的事實是，UFO並未使用石油等燃料或核能，而是利用在宇宙空間中無窮盡存在的能源來飛行。

在接觸中有幾個人實際乘坐過UFO，其中之一就是在序章中介紹過的藤原由浩。有關UFO的飛行能源及飛行原理，藤原曾作過以下的說明：

「UFO是利用存在於宇宙空間中的超微粒宇宙能源來飛行。在UFO內部有操縱盤及顯示出發地，目的地的螢幕，將其固定於裝置後，接下來只需採自動操縱方式，便可在短時間內安全到達目的地。」

由此可知，UFO是利用地球人還不知道，在宇宙空間中無窮盡存在的宇宙能源，配合高度科學技術而飛行的。

今後，地球人必須利用周圍空間中無窮盡存在的宇宙能源來創造文明，因爲已經進化的外星人，早已將其當作UFO飛行能源加以利用。本章除了要讓各位瞭解宇宙能源的存在以外，也根據來自外星人的情報說明UFO的飛行原理。

在前著『一九九X年地球大毀滅』中，已經證實UFO・外星人確實存在，但是目前仍然只有一部分人相信其存在而已。這是爲什麼呢?理由之一是，美國在各國的協助下，强力進行全球性UFO・外星人情報的隱瞞工作。

不過，美國政府進行隱瞞工作並非出自本身的意願，而是接獲來自在背後操縱世界經濟及政治的「影子世界政府」的命令。

「影子世界政府」以全球性的規模，全力隱瞞UFO・外星人存在的事實，亦即太陽系的真相，藉以維持地球現行的經濟結構及社會體制。

在說明UFO的飛行原理之前，首先要爲各位介紹有關外星人和UFO的一般知識。

UFO一詞，原本是指未確認飛行物體，其速度比人類的飛機更快、在空中能夠自由停止或轉彎，通常是指從地球外飛來已進化外星人的宇宙飛行船。

外星人各有不同

地球人也是外星人的一種。在廣大的宇宙當中，除了人類以外，還有無數如地球人一般具有智慧的高等生物存在，而且他們已經飛到地球來了。

外星人的外表各有不同，有的與人類相似，有的則截然不同，此外也有機器人。至於其大小，從六〇～一二〇公分的侏儒型、一五〇～一八〇公分的普通型，到二公尺以上的巨人型都有。

來到地球的外星人，分爲以啓蒙落後的地球人爲宗旨，從事救濟、援助活動的友好外星人，以及以征服地球爲目的的非友好外星人二種。美國政府暗地裡接觸的外星人，則屬於後者。

由UFO的飛行技術，可知來到地球的外星人，文明發達程度遠超過地球人。

不只是文明，進化的外星人還有一大特徵，那就是他們都是具有心電感應、透視、預知、空中飄浮、瞬間移動等超能力的超能力者。

UFO來自太陽系內的行星

根據與外星人接觸的情報顯示，UFO大致可分三種。其一爲母船，大小從數百公尺到數公里不等。形狀包括葉卷型、球型或新月型，通常用於恒星間的遠距離飛行。

另一種爲中型UFO，大小約一〇公尺，可乘坐數人。人類最常看到的即爲此型。第三爲小型UFO，是大小在一公尺以下的無人偵察機。

關於UFO的形狀和設計，依所屬星球不同而各有差異。

那麼，UFO是從何處飛來的呢？

來自地球外的UFO，有九成來自金星、火星、土星等太陽系內的行星，另外一成則來自太陽系外的星球。

距離太陽系最近的恒星半人馬星，相距約爲四．三光年。換言之，以光的速度而言，兩者間的距離約爲四．三年。所以，根據地球人現有的科學常識來推斷，實在很難相信地球外的生命體，會乘坐UFO從太陽系外的星球來到地球。

但這只是因爲地球科學落後的緣故。事實上，很多情報顯示，UFO在短時間內就能從遠在數十億光年外的星球來到地球。由此可知，ＵＦＯ飛行的速度比光速更快。而地球科學指光速爲每秒三〇萬公里，並認爲沒有任何速度能夠超過光速。

不為人知的ＵＦＯ飛來的足跡

ＵＦＯ和外星人確實存在——這是已知的事實。在此簡單爲各位檢證實際飛來地球的相關ＵＦＯ的情報。

由南美的巨岩遺跡可知，ＵＦＯ在太古時代就已經飛來地球了。至於頻頻大舉出現，則是在第二次世界大戰前後。

以下所介紹的，是從第二次世界大戰到阿波羅十一號登陸月球爲止，其間所發生的ＵＦＯ和外星人主要事件，供各位作爲參考。

◇一九四一～一九四五年

正值第二次世界大戰期間，有很多人目擊被稱爲「夫法塔Ｌ的ＵＦＯ」。

◇一九四七年六月二十四日

肯尼斯・亞諾魯德的ＵＦＯ目擊事件。

◇一九四七年七月二日

艾森豪（左）與約翰・甘迺迪（右）。兩人在擔任總統期間，都曾乘坐 UFO 會見外星人。

因與外星人接觸而著名的喬治・亞當姆斯基

洛茲威爾UFO墜落事件（發現四名外星人屍體及一名生還的外星人）。其中，生還的外星人一直活到一九五二年。

◇一九五二年七月十八～二十八日

華盛頓上空UFO亂飛事件。

◇一九五二年十一月二十日

喬治・亞當姆斯基首次會見來自金星的外星人。

◇一九五三年

艾森豪總統與尼爾森・洛克菲勒聯手成立「MJ—十二」秘密計劃，意圖以其作爲UFO作戰總司令部。

◇一九五四年二月二十日

艾森豪總統會見外星人。

◇一九六二年三月二十四日

甘迺迪總統會見外星人。

◇一九六四年四月二十五日

美國政府在赫魯曼空軍基地會見外星人，並締結條約。

看到這些年表，相信很多人都會感到不可思議：「真有這種事情嗎？」尤其是有關甘迺迪總統會見外星人的說法，不明真相的人根本無法置信。

但是，這些都是事實！

甘迺迪總統會見外星人

甘迺迪在看過以曾和外星人接觸而名聞全球的喬治·亞當姆斯基的著作後，不僅對其內容深感興趣，甚至還聘請對方成爲智囊團之一。

就任總統後，甘迺迪首先請求亞當姆斯基安排他會見外星人。一九六二年三月二十四日，甘迺迪取消訪問紐約的預定行程，前往加州迪札特·赫特·司普林格斯空軍基地，準備在那兒會見外星人。

不久後，巨大的ＵＦＯ降落在該基地。甘迺迪按原定計劃進入ＵＦＯ，和外星人談了數小時。

關於這件事情的始末，在拙著『一九九×年地球大毀滅』中已經詳細介紹過。至於甘迺迪總統，則於一九六三年十一月二十二日，在德州的達拉斯遇刺身亡。

表面上，這次暗殺是事件後被捕的奧斯華的個人行爲，但如今已經沒有人相信此一說法。事實上，這項暗殺行動，是由「影子世界政府」在背後一手策畫的。

甘迺迪總統以進化的外星人爲範本，想要創造一個沒有戰亂、沒有經濟紛爭的理想世界。不料此舉引起了「影子世界政府」的恐慌，爲了保護既得利益，於是派人將其殺害。

利用外星人情報開發反重力裝置的南非技術家

爲了啓蒙落後的地球人，已進化的外星人毫不猶豫地伸出援手，透過特定接觸，將UFO，也就是飛碟的飛行原理傳達給人類知道。

下面就爲各位介紹幾個根據接觸者由外星人處所獲得的情報，實際開發出反重力裝置的科學技術家。

這裡所說的接觸者，就是前面介紹過的喬治・亞當姆斯基。亞當姆斯基曾與金星、土星等太陽系內的外星人接觸，並實際乘坐UFO前往月球、火星、金星、土星等星球，後來他寫了許多本書，將個人的體驗公諸於世。

亞當姆斯基的情報，與美蘇宇宙開發所獲得的情報完全不同，因此被稱爲騙子。當然，這只不過是某些勢力集團爲了隱瞞太陽系真相的陰謀而已。

不用說，美蘇宇宙開發所發表的資料是假的，亞當姆斯基所提供的才是真情報。至於「影子世界政府」，則一心想要消滅外星人情報・UFO情報。

定居南非的技術家巴西爾班迪巴格，在看到亞當姆斯基的著書以後，發現後者從外星人那兒得到的二個圖形及叙述文字，正好顯示出飛碟的推進原理。

其中一個圖形，是亞當姆斯基於一九五二年十一月二十日，首次接觸來自金星的外星人時，金星人所留下的腳印。另外一個是一九五二年十二月十三日，飛到帕洛瑪·加登茲的金星飛碟交給亞當姆斯基的。

巴格集中全副心力，想要解開這些宛如謎團般的圖形，結果發現了某種詳細的「馬達構造」及葉卷型太空船的梗概。

於是巴格開始開發這種馬達。在歷經九年的歲月，途中曾遭遇無數困難後，他終於完成了兩個馬達。一個是推進太空船用的馬達，另外一個則是製反重力的馬達。

成功開發出反重力裝置的巴格，於一九六二年四月二十九日，將其成果發表在南非的報紙上。

報導指出：「這兩個馬達的問世，相信一定會對飛機產生革命性的影響，因爲再也不需要使用燃料了。」此外，他也在專業雜誌上發表發明論文。

但由於隱瞞宇宙能源、ＵＦＯ·外星人情報的勢力介入，不久後巴格就失蹤了。隨著巴格的失蹤，根據外星人情報而開發出反重力裝置，亦即飛碟的技術，也一併煙消雲散。

利用提斯拉線圈使物體飄浮

住在加拿大班克巴的科學技術家約翰．哈奇森，作了二個比人還高的提斯拉線圈，進行不用電線傳電的電力無線輸送實驗。提斯拉線圈是百年前，一個名叫尼可拉．提斯拉的天才科學家所發明的特殊裝置。關於提斯拉線圈與尼可拉．提斯拉，將在第三章爲各位說明。

有關電力的無線輸送，提斯拉早在一百年前就已經成功地完成了，哈奇森只不過是進行追試實驗。而哈奇森所做的實驗，對瞭解ＵＦＯ的飛行原理提供了有力啓示。

透過提斯拉線圈利用超高周波傳電，結果距離較遠處也能經由提斯拉線圈而得到電。

當哈奇森在房內進行這項實驗時，置於線圈和線圈之間的東西，突然飄浮在空中。而且，包括金屬或木材、紙、布等不導電的材質在內，任何東西只要位於線圈與線圈之間的特定場所，都會飄浮起來。

此一物體飄浮現象係由哈奇森所發現，故稱爲「哈奇森效果」。

在發現哈奇森效果的一九八八年，康沙爾丁格公司的經營者沙威，於加拿大召開的「第三屆新技術能源座談會」中，公開介紹哈奇森的研究。

發明提斯拉線圈的尼可拉・提斯拉

使用二個提斯拉線圈產生物體飄浮現象（哈奇森效果）的加拿大人約翰・哈奇森。

當記錄在哈奇森實驗室所發生的各種現象的錄影帶，在座談會上公開播放時，立即引起與會者的熱烈討論。

在公開播放的錄影帶上，共出現以下現象：

- 紙突然飄在空中。
- 置於桌上的硬幣突然豎起來。
- 四方形物體在空中飄浮。
- 利用萬有引力固定的湯匙突然彎曲。
- 杯中的水突然冒泡並飄浮起來。

這些畫面透過電視新聞的轉播，很快地傳到世界各地，引起各界矚目。

注意到哈奇森效果而與哈奇森接觸的，包括美國陸軍和海軍、加拿大國防部、英國情報調查局及各研究所，其中以與軍事有關的單位居多。那是因爲，哈奇森效果的現象，利用於軍事技術的可能性非常高。

遺憾的是，哈奇森目前已告失蹤。想來必是一心要阻止宇宙能源開發的「影子世界政府」，又再一次伸出了魔掌。

哈奇森效果所產生的「超常」現象

哈奇森效果　其①
四方形的物體飄浮起來

哈奇森效果　其②
桌上的硬幣突然豎立起來

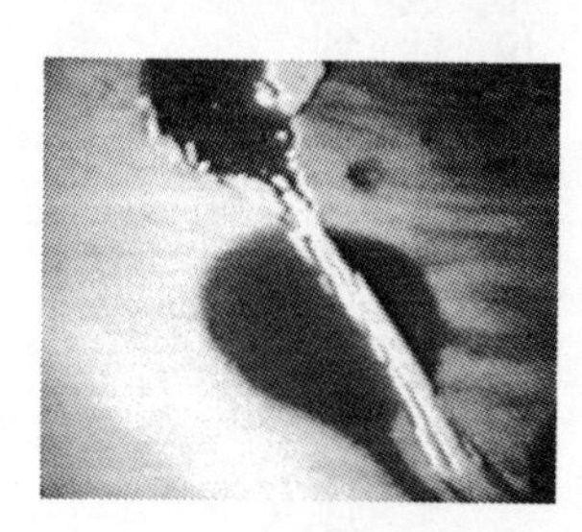

哈奇森效果　其③
利用萬有引力固定的湯匙突然彎曲

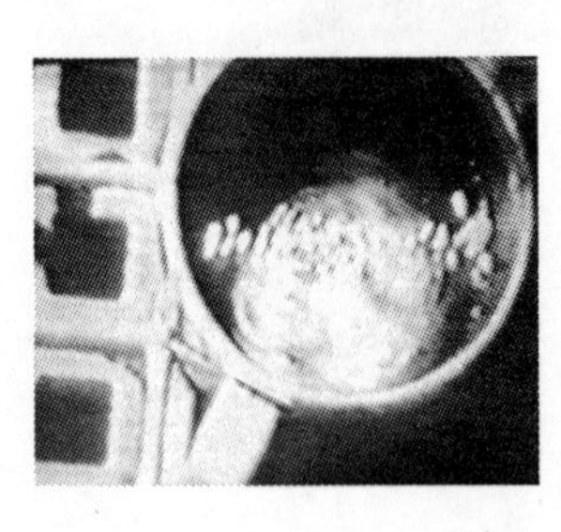

哈奇森效果　其④
杯中的水起泡並飄浮上來

物體的空中飄浮與宇宙能源有關

接下來的叙述較爲專門，有很多難懂的部分。不懂科學或所知有限的人，不妨輕輕帶過，只挑重點看即可。所謂哈奇森效果，是使用二個提斯拉線圈放射超高周波。與超高周波重疊的空間領域，也就是二個高周波共鳴（或共振）的空間領域的重力消失時，就會出現反重力現象。此一情報對於重力如何產生及如何製造反重力等問題，提供了正確解答。

所謂的提斯拉線圈，就是具有以下能力的變壓器。

①利用吸收宇宙能源的超高周波能夠出力（出力比入力更大）。

②出力的超高周波，與空間的宇宙能源共振而增强吸取宇宙能源的能源。

哈奇森利用提斯拉線圈製造反重力，告訴我們至少重力能源與宇宙能源有關，只要能駕馭宇宙能源，就能製造出反重力來。

地球人不瞭解共振電磁場

ＵＦＯ的推進能源，是宇宙空間中無窮盡存在的宇宙能源。然而，地球人卻至今仍未

哈奇森效果的原理

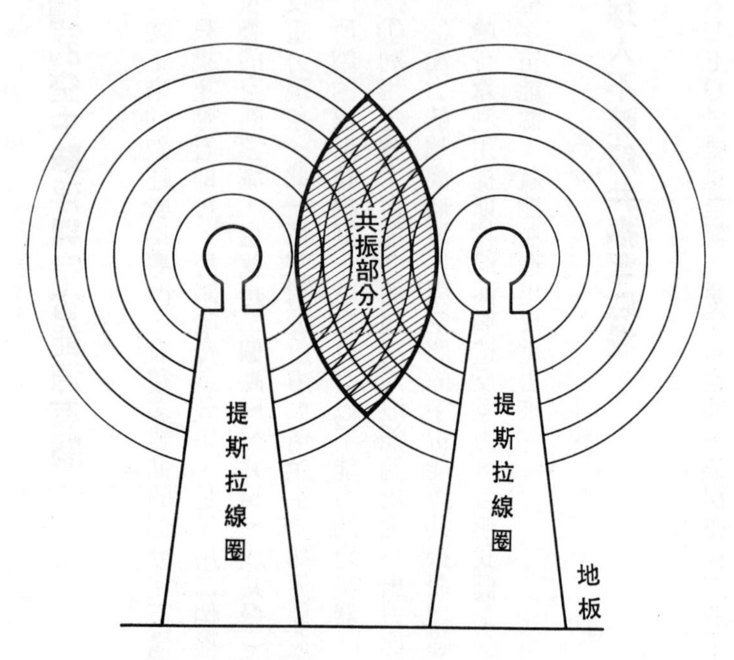

使二個提斯拉線圈作動，則置於中間共振部分的物體會向上飄浮。

察覺到宇宙能源的存在。外星人認爲地球人不僅不知道宇宙能源的存在，甚至也不瞭解身爲宇宙四大基礎能源之一的共振電磁場。根據外星人的說法，所謂四大基礎能源，是指靜磁場、靜電場、電磁場及共振電磁場。地球人所不知道的共振電磁場，是包括進行渦狀運動的所有天體、飛碟的推進力、生命體等能源，是由宇宙能源所形成的磁場。

據進化的外星人表示，宇宙、銀河系、銀河、太陽、行星、衛星、原子、電子等，全都具有共振電磁場，因而天體才能各自保持其位置關係。當然，人類和細胞也具有共振電磁場。地球爲一不斷旋轉的大磁石，在地球周圍形成巨大磁場，可將其視爲來自宇宙能源的地球共振電磁場的一部分。因之，以科學方式能夠掌握部分地球共振電磁場。

包括太陽在內的整個太陽系，都擁有共振電磁場。太陽系整體繞著其它太陽的周圍旋轉，而其它太陽及其整個太陽系也擁有共振電磁場。

由此可知，整個銀河系都擁有共振電磁場。只要看看銀河的照片，就可以知道銀河擁有渦狀共振電磁場。再來看看微世界。電子本身擁有共振電磁場，原子核擁有包圍整個原子的共振電磁場。這，就好像地球（行星）與太陽的關係一樣。

共振電磁場的能源，也就是磁氣，是一種宇宙能源，藉由共振進行能源授受。而宇宙具有與共振電磁場類似的構造，小至電子、大至銀河或宇宙整體，都擁有共振電磁場。

共振電磁場的典型，只要看銀河或星雲即可瞭解。共振電磁場不單只是有電磁場而

銀河系的茜振電磁場

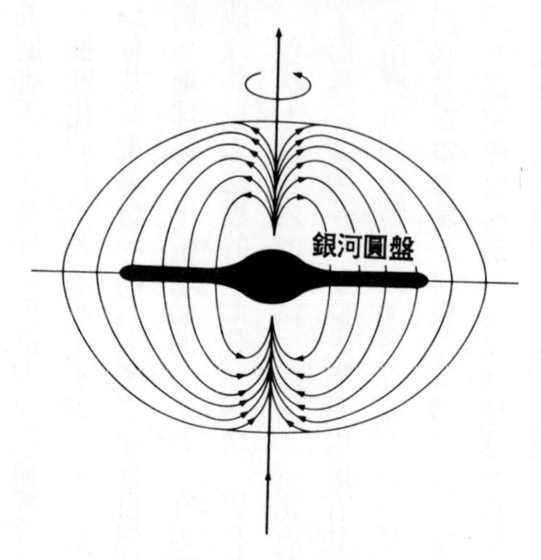

地球的共振電磁場

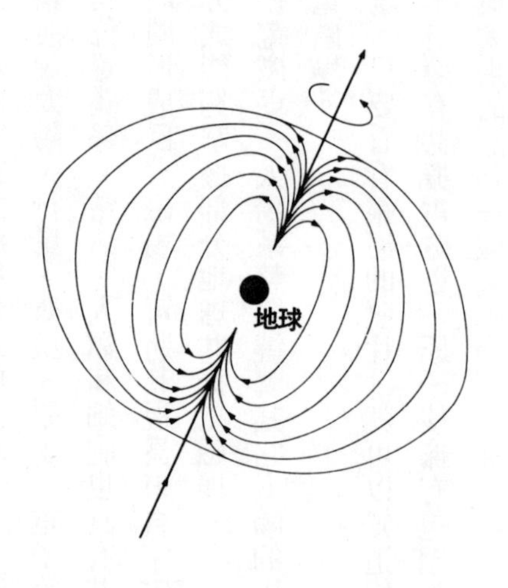

已，同時也會與其它共振電磁場共振，產生以下二種作用。

①進行能源授受。

②在空間中維持相互的位置關係。

共振，就是波長相同或波長爲整數倍的能源所引起的現象。例如，在空中有各種無線電的波長流竄，而接受的一方會產生電振動，只要想聽的收音機的振動數（波長）吻合，就能獲得收音機電波的能源，從而聽到收音機所播放的節目。這時，接受一方的振動波會與特定電波共振，進而吸收收音機的電波能源。換言之，一旦共振就能進行能源接受。宇宙能源之間所以能夠進行能源授受，原理即在於此。

UFO係利用人工共振電磁場而飄浮

關於UFO的推進系統，亞當姆斯基曾有以下的說明。

「太空船本身製造出人工共振電磁場（重力場）。共振電磁場（重力場）通常會成爲球體包圍住船體，只要將其與行星的磁場調和產生共振，就能使太空般成爲無重力狀態。」

要言之，就是「UFO將宇宙空間中的宇宙能源當成能源，製造出共振電磁場這種重力場，再與地球的共振電磁場共振，使船體在無重力狀態下飄浮。」

太空船內部也有重力場，和人類在行星上的感覺完全相同。不過，乘坐UFO的人，是不會經歷太空人在有人太空船上所經驗到的無重力狀態。

一旦太空船成爲無重力，只要施加一點推力即可使其移動。至於推力，主要是利用行星之間的磁氣脈衝波。以下是亞當姆斯基的說明。

「行星間的磁氣河不斷地變換流動方向，因而產生往返的磁氣脈衝波。利用往返脈衝波的單程，可使太空船朝固定方向前進。例如，太空船以行星爲中心只利用朝外的脈衝波，便可離開行星往前進；如果利用朝向內側的脈衝波，則朝行星方向前進。如果太空船同時利用兩方向的磁氣脈衝波，船體就會停留在空間中。進入地球的引力圈後，只要使船體的磁氣逆轉，就能切斷引力的影響保持中立。所謂磁氣的逆轉，就是將交流變爲直流。

在行星的電離層內進行水平飛行時，飛碟沿著行星的地磁氣力線前進。想要急速轉彎時，則改變球的電荷。因此，太空船可以利用宇宙空間的渦流飛行。」

船體所具備的人工重力場，會將船內全體人員的人體細胞，拉向與船體飛行方向相同的方向。所以，以光速行進的飛碟，即使來個九〇度急轉彎，也不會對船上的人造成任何影響。不論是哪一種太空船，都無法自行吸取宇宙能源。只有母船才能在宇宙空間收集宇宙能源充電，中型或小型飛碟則必須先在母船補給能源才能飛行。

UFO不像飛機或汽車用手操縱機械，而是以想念方式或利用電腦自動操縱。

UFO的共振電磁場

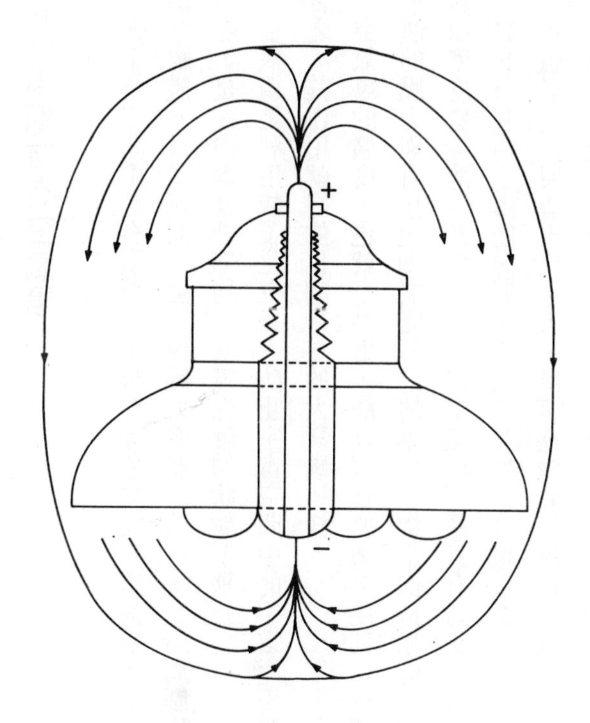

與地球的共振電磁場共振時，
UFO會飄浮起來

操縱方法有很多。

UFO周圍擁有空氣場

在宇宙空間中會有隕石或宇宙塵等危險物四處飛散，飛行其間的UFO隨時都可能撞到這些物體。爲了避開危險、保護太空船，乃在太空船周圍形成空氣場。換言之，有人的太空船，是在內部及外部均有空氣保護的狀態下飛行。

空氣場是利用離子化空氣，防止宇宙空間中的宇宙塵衝撞船體，並在外壁防止加熱。要言之，其作用就好像包圍行星的大氣層一樣。

空氣場的濃度，也就是壓力，能夠調整船體，使其保持運動，停留空中或靜止狀態，而船體的壓力與直接包圍船體外部的壓力，經常保持相同。和行星的大氣層一樣，距離船體愈遠濃度愈稀薄。共振電磁場與空氣場同樣具有防止宇宙塵衝撞船體的作用。

UFO利用宇宙能源製造出人工共振電磁場。當其飛行於地球的空中時，便與地球的共振電磁場共振製造出反重力，沿著地磁氣線飛行。以上所介紹的UFO飛行原理，或許稍嫌專門、深奧，但只需記住UFO是使用地球人所不知的能源飛行，而這種未知的能源，卻無窮盡地存在於我們伸手可及的空間中——。

第2章
人類周圍存在著宇宙能源

發現了金字塔的秘密

第一章說過，進化的外星人，是利用人類尚未察覺的能源，使飛碟，也就是UFO飛行。

宇宙能源不僅可作爲UFO的飛行能源，也可應用於生活中。例如，可以用來發電照明、調節氣溫或促進物質生產。此外，宇宙能源也可以用來治病。

宇宙能源無窮無盡存在於我們周圍的空間中，然而地球的科學家卻沒有察覺到它的存在。儘管如此，我們卻以各種形式接觸宇宙能源，在不知不覺中享受其恩惠。

例如，著名的金字塔力量、氣功的氣能源、瑜伽的普拉那、遠紅外線陶瓷或麥飯石能源等，全都是宇宙能源。本章將爲各位說明，存在於人類周圍的宇宙能源的效果。

首先要介紹的，就是金字塔的力量。

各位聽說過以下的事情嗎？

在距今九十四年前的一九〇〇年，一位名叫波比的法國青年前往埃及參觀金字塔。當進入埃及第四王朝克夫王的陵墓中，安置克夫王遺體，也就是木乃伊的「黑室」時，波比發現了一個奇妙的現象。

埃及金字塔

原來在「黑室」內，他發現了一些貓、老鼠等小動物的屍體·但不可思議的是，這些小動物的屍體都已經木乃伊化，並未發生腐爛現象。只要到過那兒的人都知道，金字塔內的濕度極高，非常潮濕，屍體通常在幾天內就會腐爛，絕對不可能木乃伊化。然而，眼前的屍體卻乾巴巴的，並未因腐爛而瀰漫臭氣。

看到這不可思議的現象，波比不禁暗想：這是否表示木乃伊內部有某種特別的力量在發揮作用呢？

幾經思索之後，波比終於找到了結論。歷代埃及王的遺體，都是木乃伊化後放置在金字塔中保存，但這並非以人爲方式進行。那麼，如果只是安置在金字塔內部，國王的遺體會不會自然成爲木乃伊呢？

回國後，波比作了一個與大型金字塔相同比例，底邊九〇公分的模型進行實驗。此模型金字塔與真正的金字塔完全相同，底邊的一邊正確地朝向北邊。在其內部中央三分之一的高度，則放置剛死不久的貓屍。

結果確認了驚人的事實。數日後貓的屍體失去水分，但並未腐爛，而是變成木乃伊了。波比只是作出金字塔的形狀而對正方位，在其內部就產生了神奇的能源。

波比將實驗結果公諸於世，因此世人都知道「金字塔力量」這個神奇能源的存在。

大金字塔是外星人所建造的

關於金字塔這種神奇的力量，目前已廣爲人知，想必各位也有所耳聞。

但在讀者當中，不無有人懷疑：「爲什麼金字塔力量＝宇宙能源呢？有何根據？」在此稍作解答。

有關金字塔力量的本體，的確就是宇宙能源。爲什麼呢？因爲，堪稱人類史上偉大遺產的金字塔，是由外星人而非地球人所建造出來的。

其證據如下：

證據① 火星也有金字塔

金字塔不僅存在於地球，也存在於其它行星上。例如火星，就擁有比地球上的金字塔大十倍的金字塔。根據可靠的情報證實，它就存在於著名的人面岩附近。而且，這個金字塔的一邊，與地球上的金字塔同樣，正確重疊在火星的北方角上。

由此可知，火星上住有進化的外星人，而外星人建造了金字塔。

證據②　金星人克拉拉的談話

著名的外星人接觸者艾迪·瓦塔那貝，曾與金星上一個名叫克拉拉的外星人接觸，獲得了以下的驚人情報。

「地球上的大金字塔，是由隸屬宇宙聯合昂宿五星（約五十五光年）的第三行星的外星人，乘坐大批太空船前來，基於航空標識及另外二、三種目的，於紀元前四五六〇〇年間建造形成的。

外星人利用來自大陸中央部的强力光線，將巨大的影石切成無數小片岩，再用太空船運到目前所在的位置建造金字塔。

爲免引起當地居民的不安，外星人故意讓這個龐大的建築物給人一種國王之墓的印象。因此，現代人都將金字塔視爲國王的陵墓。」

由證據①、②可知，大金字塔確實是由外星人所建造出來。還是會有人認爲我的證據太過牽强。問題是，你如何解釋古代人在不使用任何建築器具、不具備高等數學及物理學

埃及大金字塔構造圖

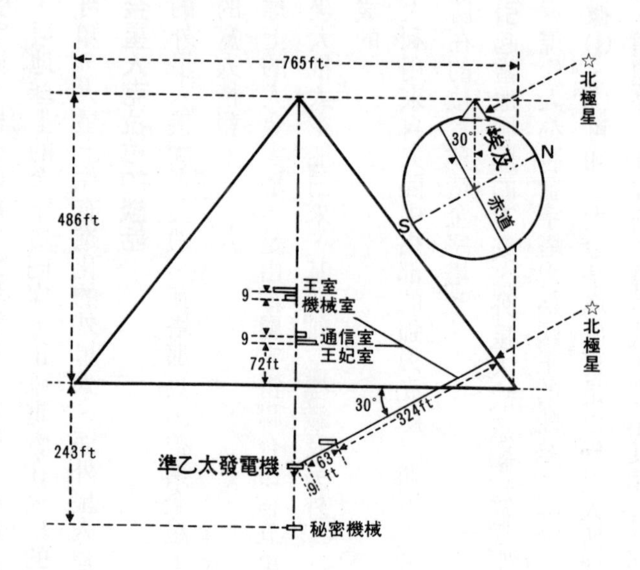
765ft
486ft
243ft
北極星
北極星
30°
埃及
N
S
赤道
9
王室
機械室
9
通信室
王妃室
72ft
30°
324ft
63 ft
9
準乙太發電機
秘密機械

的情況下，竟能建造出這個巨大、圖形正確無比的建築物？

金字塔究竟是由科學技術相當進步的外星人建造而成，抑或地球上的古代人因某種奇蹟而完成的呢？答案有賴讀者自行判斷。不過，在經過先前的說明後，有關哪一種說法較爲合理，各位想必早已一目瞭然。

根據邏輯推理，科學水準較低的地球人，是不可能建造出這種超近代的金字塔的。

金字塔是UFO的誘導基地

除了先前所介紹的以外，艾迪・瓦塔那貝還從外星人口中得到很多有關大金字塔的情報。

「在大金字塔的二四三呎地面下有地下室，早在百萬年以前就安置在其正下方的强力發電機群，至今仍然正常運作。此發電機爲乙太（宇宙能源）發電機，係基於穩定地球南北的地軸及使殘留冰河時代不穩定氣候的地球維持適當氣候而設置的。此外，它還能將能源釋放於宇宙空間中，隨時誘導許多太空船前來。再者，金字塔的尺寸，全都是九的倍數。那是因爲，九是與磁氣有關的數學關鍵數字。」

綜合以上情報可知，大金字塔是由外星人所建造，主要是作爲太空船的航標識而非國王陵墓。另外，在大金字塔的地面下，設有宇宙能源發電機，由金字塔放射宇宙能源誘導太空船（UFO）——這些事實相信各位都已經瞭解了。

關於金字塔＝UFO誘導基地說，還有另外一項證明。住在日本大分市的建築家山中健太郎，曾經建造一座金字塔屋，結果他數次目擊大型UFO（母船）出現在塔屋上空。

由此可知，金字塔放射宇宙能源，UFO掌握能源而飛來。而金字塔力量的根源，就是宇宙能源。

金字塔力量與地磁氣或太陽、月球的動態有關

我們已經知道金字塔力量的真相，就在於宇宙能源；那麼，能源的發生構造又是如何形成的呢？

對此，美國科學家約翰·巴有頗耐人尋味的報告。他花了五年時間，對金字塔力量進行精密研究，結果發現這個未知的力量，與地磁氣有密切關係。

巴首先將金字塔底邊的一邊，與地磁氣的S—N極吻合，藉此測定金字塔力量的強度。其次，將金字塔所朝方向以每次五度的方式不斷改變重新測定力量的強度。結果顯示，當角度爲〇度、四十五度、九〇度、一三五度、一八〇度，也就是每隔四十五度時，

發生金字塔力量的位置與方位

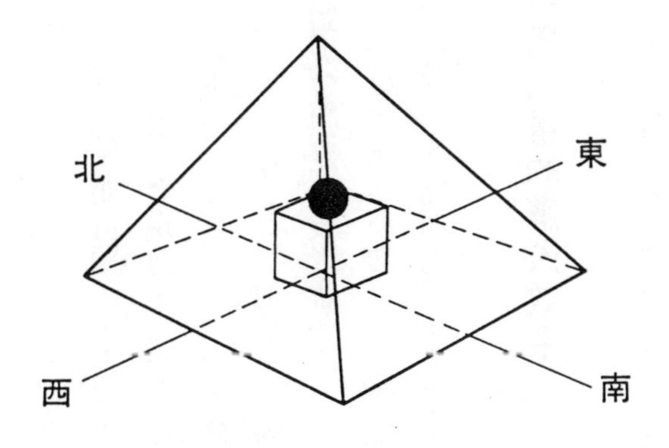

［能源集中於內部中央三分之一的高度，故將物體置於此處。從頂點放射出其它能源。］

力量就會增强。

這意味著不僅是底邊的一邊朝向北方，甚至每挪四十五度底面的對角線也是朝向北方，因此會產生力量。另外，巴也發現，從力量較强的角度挪移五度時，力量會突然減弱。上述發現，明白顯示出金字塔力量與地磁氣有密切關係。

約翰・巴的發現還不僅止於此。他還注意到，金字塔力量以一年爲周期强度會產生變化。平均來說，在夏至前二十天的六月四日，是一年內力量最强的時候；而距離冬至還差二十天的十二月三日，則是一年內力量最弱的時候。此外，月的盈缺，也就是月球動態，也會對力量强度造成影響。

「金字塔力量所發出的宇宙能源，與地磁氣、月球、太陽的動態有關。」

對思索未知能源的發生構造而言，這是非常重要的情報。

金字塔力量的驚人效果

堪稱得自外星人的金字塔力量，在我們的生活中也發揮了實際效果。

很多研究者都實際製造金字塔，然後比較金字塔的內外，結果證明金字塔力量確實具有各種效果。我自己就曾做過金字塔，從而獲得驚人的結論。以下就是金字塔力量的代表效果。

①腐敗抑制效果、鮮度維持效果

與放在金字塔外的水果相比，放在塔內的橘子、蘋果等水果較不易腐爛、較能維持鮮度。另外，置於金字塔內的水果，也展現出脫水效果。以未插在水中的鮮花爲例，放在金字塔內壽命較爲持久、而且變得如同乾燥花一般，但放在塔外的鮮花，卻很快就枯萎了。

②成長促進效果

植物放在金字塔內可促進成長，隨時保持青翠並延長壽命。

③改變菸、酒的味道

將次級威士忌放在金字塔內半天～一天，口感就會變得足以與特級品媲美。另外，香菸的味道也會變得非常滑順。

④金字塔水的效果

將水長時間擱置於金字塔內，可藉由金字塔力量得到活性化的水。這種水不單美味，更具有如健康水一般的效果。每天飲用可避免感冒，使胃腸保持良好狀況。另外，它還具有促進植物成長及抑制食品腐敗等效果。

⑤疾病治療效果

金字塔力量具有疾病治療效果，可治癒神經痛、鼻炎、頭痛、神經衰弱、腰痛等疾病。

⑥瞑想效果

在金字塔內心情平靜，很快就能進入深沈的瞑想狀態。以插圖畫家橫尾忠則爲例，就在自宅內建一大型金字塔，藉由在塔內瞑想而使靈感泉湧。

由此可知，金字塔力量的效果是多面性的。

而製造金字塔獲得金字塔力量極爲簡單，任何人都能辦到。材料不拘，硬紙板、塑膠、木頭或金屬均可，只要底邊、高和斜的邊的比例，和大型金字塔相符即可。利用管子或線作出金字塔骨架，也具有相同效果。在金字塔做好後，將底邊的一邊正確地朝向北方即大功告成。

金字塔力量是與形共鳴的能源

如前所說，金字塔內部收集了來自我們周圍空間的能源；除此以外，從頂點也放射出別的能源。這個神奇五面體所蘊含的力量，真是既神秘又玄妙。

那麼，爲什麼金字塔具有的空間收集及放射能源的能力呢？

原因在於金字塔的形。也就是說，金字塔的形具有收集、放射能源的性質。現代科學當然不認爲形能收集、放射能源，但是在現代科學不承認的多次元世界裡，形卻具有這種功能。換言之，金字塔所發出來的力量，秘密就在於金字塔由四個三角形與一個正方形組合而成的形狀中。

前面曾經一再强調，在我們周圍的空間中，蘊藏著科學所不知道的各種宇宙能源，而這些能源具有與圖形共鳴的性質。一旦與圖形產生共鳴，空間的能源就能集合於圖形或由圖形放射出去。

關於能源的集合或放射，依圖形的不同而有不同。以三角形爲例，能源會集中在重心位置，同時也可能由三個頂點釋放出別種能源。

再以金字塔爲例，因爲是由四個三角形所構成，所以能源集中於金字塔重心所在的位置，同時並由頂點放射出其它能源。人類將這些能源視爲氣，很多超能力者都能感受到。

早在古代就已經知道，只要空間有形的存在，就能集散能源。像古印度，便製造出許多用三角形、六角形或圓形組合而成的圖形。這些用來集合·放射能源的圖形，至今依然沿用。

這更證明了金字塔五面體的「形」，就是金字塔力量的秘密所在。

山中健太郎先生與他所建造的金字塔屋

金字塔屋的強大力量效果

關於金字塔力量所帶來的恩惠，先前我說過人待在裡面會覺得清爽舒適、容易進入深沈瞑想狀態。看到這段敘述，不免有人會想：如果把家蓋成金字塔形，在其間生活，不就可以享受金字塔力量之惠，過著舒適的家庭生活了嗎？

住在日本大分市的山中健太郎，不僅有此構想，而且還將其付諸行動，親自建造了金字塔屋。截至目前爲止，他已經建了八棟金字塔屋作爲一般住宅。

金字塔屋的屋頂部分成金字塔形，比一般住家的屋頂更高且突出爲其特徵。不過，由於其中一邊必須正確地朝向北方，房子幾乎都無法和道路平行建築，因而建造時有其困難存在。

根據實際住進金字塔屋的人士表示，除了長年高血壓和失眠症不藥而癒、精神狀態穩定、家人不易罹患疾病等健康方面的效果以外，食物也能保存較久，且種在住家周圍的植物成長快速。

能夠輸入錄音帶的金字塔力量

爲了讓更多人知道金字塔力量的效果，山中健太郎先生除了建造金字塔屋以外，還將金字塔力量輸入錄音帶內分送各地。

這個錄音帶，是在金字塔屋內最能聚集金字塔力量的位置，保持錄音狀態錄製而成的。當播放錄音帶時，即使人不在金字塔內，也能獲得金字塔力量加以利用。

將金字塔錄音帶直接放射於人體，可治療肩膀酸痛或失眠症；照射於食品時，可使食品變得美味；照射於水，可當作金字塔水加以利用；利用範圍相當廣泛。我曾利用從山中先生那兒得到的錄音帶，進行鮮花的鮮度保持實驗，並調查其效果。結果發現，和未經錄音帶照射的花相比，經過照射的花鮮度較爲持久。由此我相信，錄音帶內確實輸入了金字塔力量。

爲什麼金字塔力量能夠輸入錄音帶內呢？——很遺憾地，目前還沒有答案。但根據我的推論，這可能和宇宙能源本身也是由磁氣粒子所構成有關。

而能夠看到氣的超能力者也指出，在播放金字塔錄音帶時，有一股白色氣體從擴大器內冒出來。

總之，金字塔力量能夠輸入錄音帶內的事實，正是瞭解金字塔力量的本體的重要關鍵。

六芒星（大衛星）的神奇力量

前面說過，金字塔的內部和頂點會出現二種能源。如果仔細觀察，將會發現頂點所發出的，是使生物體能源活性化的能源；而內部所發出的，則是使生物體能源鎮靜化的能源。

想利用金字塔的能源時，只需將照射對象物置於金字塔內部或金字塔上即可。如果想要的是大型能源，則必須配合比例製造大型金字塔才行。不過，金字塔是立體的，因此實際利用起來有其限制。

那麼，有沒有其它能發出與金字塔力量相同，甚或更强力量的圖形呢？很多研究者針

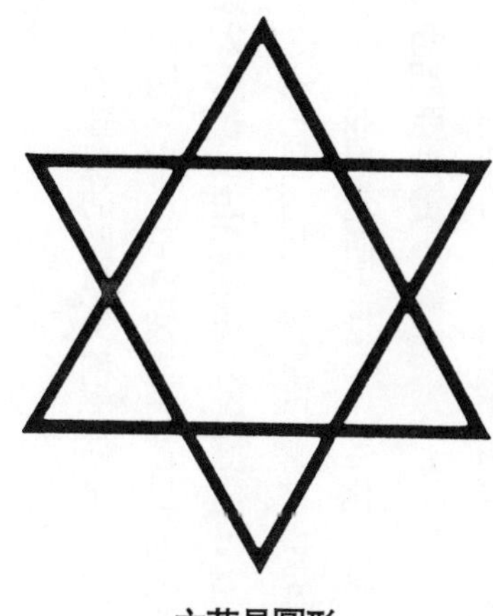

六芒星圖形

印度神秘圖形的例子
（由圓形、三角形或四角形所構成，此圖形能夠產生力量）

對此一問題進行研究，結果發現了稱爲六芒星的圖形。所謂的六芒星，就是將兩個方向不同的三角形重疊而成的星形。一個三角形本身就能集合・放射能源，由兩個三角形組成的六芒星，當然能集合・放射更大的能源。

事實上，經由實驗證明，在大小相同的條件下，六芒星所集合・放射的力量比金字塔更大。

六芒星的圖星又稱大衛星，在以色列國旗及日本伊勢神宮的燈籠上均可看到。由此即可證明，古人早已知道六芒星圖形所具有的力量。我自己也製作過六芒星，並從所產生的强大六芒星力量獲得許多好處。

六芒星力量其實早已普及世界各地，而六芒星商品更是到處可見，例如「西朗亞力量」「菲尼克斯力量」「生化力量」等等。在此簡單爲各位介紹一下。

◇西朗亞力量

西朗亞力量是由瞑想指導家山田孝男先生發明，後經出羽日出夫一手創立的西朗亞研究所加以開發、商品化。他們利用六芒星或六角形組合成各種圖形，製成徽章等各種商品。

西朗亞爲平面製品，容易使用、力量比金字塔更强爲其特徵。故，其效果相當或凌駕於金字塔力量之上。主要效果包括：保持食品鮮度及抑制腐敗、促進植物成長、使酒或威士忌的味道變得滑順、減輕菸的味道、治療肩膀酸痛或頭痛等。

將沒電的乾電池置於西朗亞上充電，便可再度使用。這也意味著，六芒星力量或金字塔力量可轉換為電。

◇菲尼克斯力量

由日本福岡的石川弍士所創立的菲尼克斯力量研究所，開發出可集合・放射未知宇宙能源的金屬商品。其形狀是由六角形和圓形組合而成，充分利用形狀所具有的未知能源之集積・放射能力。

據石川先生表示，蘊含菲尼克斯力量的商品，是藉由某種技術而展現出比形體原有的集積・放射能力更强的能力。因此，菲尼克斯力量的效果既大且廣，能夠治療各種疾病，使人運氣好轉。

◇生化力量

日本生物體能源研究所的古賀房光，也利用六芒星或圓形等各種圖形集積・放射宇宙能源的性質，開發出各類商品。

其中之一為大約一公尺的正方形，具有强力集積・放射宇宙能源、宛如天線般的作用。將其放置在田地或菜園周圍時，可使稻子、蔬菜等作物長得又快又大，而且吃起來非常美味。

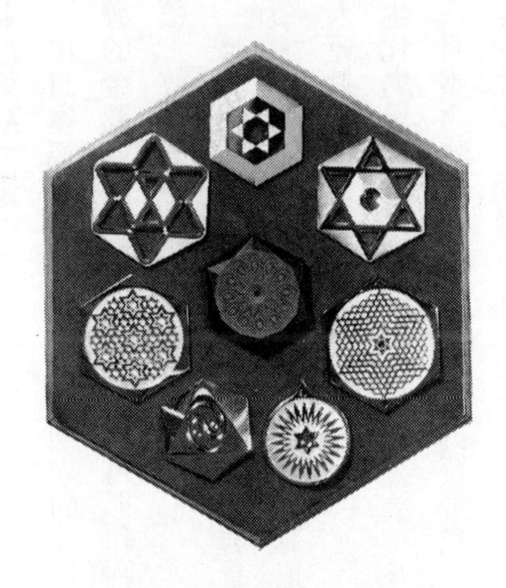

會產生西朗亞力量的各種徽章

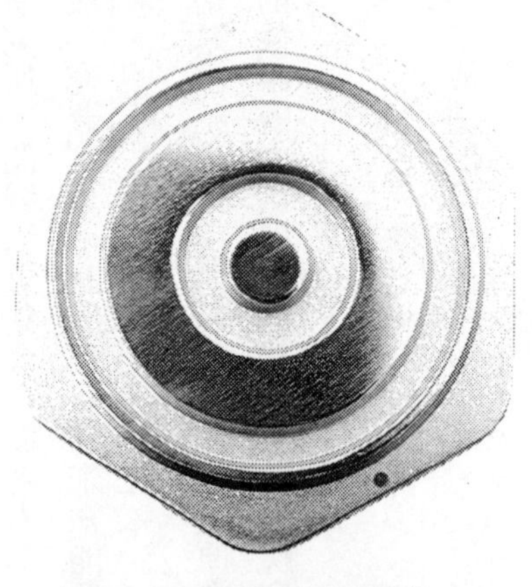

會產生菲尼克斯力量的徽章

另外一種商品為「生化力量板」，將其置於汽車引擎蓋內側，可以使汽車的動力提高三成左右，駕駛時也不容易疲勞。

綜合以上所述可以發現，金字塔力量或六芒星圖形所發出的力量絕大無比，是對人類有益的能源。遺憾的是，很多科學家卻無視於這種能源的存在，或是知道而不屑一顧。要到什麼時候，地球上的科學家才能認清事實、正視宇宙的本質呢？

蘊藏超能力的氣功師

除了神奇五面體所含的能源、金字塔力量以外，我還注意到氣功的氣能源。

氣功已然蔚為風潮，在國內極為盛行。這種在中國已有超過三千年歷史的身心鍛鍊法，不僅對增進自身健康及治療疾病有效，同時也能治療他人的疾病。累積修煉的話，就能成為優秀的氣功師，發揮各種超能力，可說是一種玄妙之術。

在氣功發源地中國，據說氣功人口高達二千萬人。但事實上，具有悠久歷史及東方神秘色彩的氣功，就是宇宙能源，也就是外星人所使用的能源。

氣功看似慢動作體操，可使身體放鬆、精神穩定。只要每天練習，二、三個月內就能產生效果。

產生氣能源的氣功師

透過電視的介紹，日本也掀起了氣功熱。

一九八九年日本NHK電視台開闢了一個與氣功有關的節目。節目內容主要是由氣功師使用氣能源，從遠距離外吹熄蠟燭，或是放出氣能源使掛著的CD盤移動等。

爲免發生作假行爲，每位氣功師的表演都在嚴密的監視下進行。因此，氣功師所發揮的超能力，全都獲得社會大衆的認可。就這點而言，這個節目可謂深具意義。

氣功的秘密在於呼吸法

那麼，氣功的秘密在何處呢？簡單地說，就在於呼吸法。其重點在於要慢慢地深呼吸。

經過一段時間的練習，學會了慢慢深呼吸的方法後，就能從空間吸收未知能源「氣」，使其循環於身體內部。其效果不僅止於自己能獲得健康，同時還能爲自己或他人治療疾病及發揮超能力。

關於疾病治療，患者本身透過氣功鍛鍊，可治癒癌症、高血壓、糖尿病等疾病。而氣功師則經手放射氣能源到患者的患部，便可治癒疾病。

正如後章將爲各位說明的，人類不光只有肉體而已，必須結合肉體和肉眼看不見的靈魂，才能構成人體。靈魂有稱爲經絡的能源流通回路，氣功則是使氣能源通過經絡的流通回路，從而增進健康，治癒疾病。

氣能源的放射效果

氣功師所發出的氣能源，不僅能有效地治療疾病和促進健康，同時還能促進植物和養殖魚類的成長，强化家畜的免疫力，這點在中國和日本已經由實驗加以確認。

根據中國方面的報告，平常只能收穫五〇〇～八〇〇公克的香菇，在對香菇菌放射氣能源後，收穫量增加約三倍，平均達二公斤。

我曾經請氣功師將氣能源放射於水，然後用氣功水灌漑蘿蔔，觀察其生長情形。結果，和沒有澆氣功水的植物相比，澆氣功水的植物成長較高。再以鮮花爲例，放在氣功水中的鮮花，比放在一般水中的鮮花更能持久。

那麼，透過氣功所得到的能源本體是什麼呢？事實上，氣功的氣能源等，根本無法以科學方式加以掌握。中、日兩國的研究人員，以科學方式研究氣能源的結果，發現了微弱的遠紅外線・磁場、超低周波、光子等微粒子、靜電等。但是，每一種均十分微弱，因而無法掌握到氣能源。氣能源是一種未知的能源，而非既存概念的能源，因此用既存的科學手段當然無法檢出。

根據我的推論，氣功的氣能源與金字塔力量同樣，是存在於空間中的宇宙能源。理由是：⑴它的各種效果與金字塔力量相同、⑵對氣能源照射於水所製成的氣功水，進行氧核磁氣共鳴吸收分析時，會產生與金字塔力量水相同的變化、⑶利用內田秀男所開發、能測定宇宙能源的氣測定器，發現氣功的氣能源與金字塔力量的能源，具有同樣大小的氣。

氣功師將來自空間的宇宙（氣）能源吸入體內，使其在體內循環，然後將其當作生物體能源，經手放射出氣能源。

瑜伽的普拉那與氣能源相同

瑜伽和氣功同樣是屬於身心鍛鍊法，在五千年前起源於印度，至今依然盛行不墜。瑜伽是利用緩慢深呼吸法，吸取名叫普拉那的能源，並藉由瑜伽獨特的運動來鍛鍊身心。其效果與氣功完全相同，不僅能增進健康、治療疾病，還能產生超能力。

和氣功一樣，瑜伽神奇力量的秘密，就在於呼吸法。人類的靈魂有七個查克拉，是連結能源中樞體的經絡，也是一種回路。以瑜伽而言，從空間吸收普拉那並循環經絡後，再依序開發七個查克拉，便可治療疾病並獲得各種超能力。

由此可知，氣功和瑜伽雖然名稱不同，但在由空間吸收氣或普拉那等能源而發揮增進健康、治療疾病的效果這一點上，卻完全相同。所以，儘管氣或普拉那的名稱有異，卻改變不了它們是同一種宇宙能源的事實。

何謂遠紅外線陶瓷

各位聽說過遠紅外線陶瓷嗎？

所謂遠紅外線，是指因遠紅外線爐不著名的紅外線（〇·七六～一〇〇〇微米的電磁波）長波長領域（三微米以上）內的電磁波。

陶瓷則指成形或燒成所得到的無機材料的總稱，簡單地說，就是陶器或瓷器類的無機材料。

因此，遠紅外線陶瓷就是放射遠紅外線的陶瓷器等無機材料。

本節之所以提到遠紅外線陶瓷，是因爲遠紅外線陶瓷所放射的能源，能產生與金字塔力量或氣功氣能源完全相同的效果。所謂的效果，包括促進生物成長、維持食品的鮮度及醫療效果等等。

因爲檢出微弱的遠紅外線，很多人以爲遠紅外線陶瓷的各種效果，是由遠紅外線所形成，其實不然。事實上，它是由與金字塔力量、氣功的氣能源相同的宇宙能源所引起。以下就爲各位詳加說明。

在常溫域的利用上很難說明

利用遠紅外線陶瓷能源的方法有二種。一種是用遠紅外線爐將陶瓷加熱，然後利用此時所產生的遠紅外線。另外一種是外部不給予任何能源，將陶瓷置於室溫下讓其自然放射能源而加以利用。

前者是由外部給予能源，因此會使遠紅外線放射出來而產生各種效果，這點不用我說各位也很清楚。

在此要談的是後者。爲什麼陶瓷在外部不給予任何能源的情況下，僅僅放置在常溫中，就能放射出包括遠紅外線在內各種神奇能源，並發揮各種效果呢？

對陶瓷加熱，從外部給予能源所產生的效果，可以用科學方式來說明；但如果不從外部給予任何能源、只將陶瓷置於室溫下即可發揮促進生物成長、維持食品新鮮度，增進健康及治療疾病等效果，則即使是科學家也無法以科學方式加以說明。

在常溫域下利用遠紅外線陶瓷的方式固然很難用科學來解釋，但其效果卻不容抹煞。事實上，目前市面上所販賣的商品，很多都是有效而缺乏科學根據的。

常溫域利用遠紅外線陶瓷的原理在於宇宙能源

在常溫域下使遠紅外線陶瓷產生各種效果的能源是什麼呢？根據我的推論，答案並非一般人所以爲的遠紅外線，而是與金字塔力量、氣功氣能源同樣的宇宙能源。當然，我的推論是有根據的。

①微弱的遠紅外線能源，不只來自於陶瓷，我們周圍的其它物質也能放射出相同程度的能源來，所以不足以說明遠紅外線能產生常溫域利用的各種效果。

②常溫域利用遠紅外線陶瓷的各種效果，如醫療效果（增進健康、治療疾病）、植物效果（促進生長、維持鮮度、提高收穫量）、食品效果（抑制腐敗、維持鮮度、提升美味）等，與金字塔力量、氣功氣能源的效果完全相同。

③對遠紅外線陶瓷放射水進行水中氧核磁氣共鳴吸收（ＮＭＲ）分析時，會產生和金字塔力量水、氣功氣能源放射水相同的變化。

④金字塔力量或氣功的氣能源，可利用宇宙能源測定裝置測出其大小，而遠紅外線陶瓷的能源也能利用此一裝置加以測定，且具有效果的遠紅外線陶瓷的數字通常較大。

由以上四點即可證明，常溫域遠紅外線陶瓷的各種效果，並非來自一般所想的遠紅外線，而是來自與金字塔力量、氣功氣能源相同的宇宙能源。

那麼，遠紅外線陶瓷這個名稱是否應該更改呢？我認爲應該將它命名爲陶瓷力量。

遠紅外線陶瓷是吸收宇宙能源並放射出來，而宇宙能源很難以科學方式來掌握，因此將其視爲微弱二次放射的遠紅外線，進而產生將遠紅外線當作主角的錯誤。

在此來探討一下，爲什麼遠紅外線陶瓷能夠成爲放射陶瓷力量（宇宙能源）的材質呢？

遠紅外線陶瓷的材質硅或鋁，是形成地殼的主要成分。此外，遠紅外線陶瓷的材質，都是火成岩。在第六章將會提到，地球會朝地軸方向不斷吸收宇宙能源。換言之，地球內部充滿了宇宙能源。

綜合以上敘述來考量，放射陶瓷力量的陶瓷，其材質存在於地球內部（地殼）時，在某種條件下就已經成爲能夠放射宇宙能源的陶瓷了。

以上有關陶瓷力量的情報，顯示出不只是形，連材質也能進行宇宙能源的集積、放射。

麥飯石也能釋出宇宙能源

能夠放射出與遠紅外線陶瓷類似能源的材質，爲麥飯石。麥飯石具有治療疾病的效果，也就是所謂的藥石，中國人早在二千多年前就把它當作治療腫物的特效藥了。其名稱的由來，是因其形狀與麥飯團類似。目前，麥飯石已被廣泛加以利用。

麥飯石不單具有治療效果，浸在水中可使水變得美味、泡在威士忌裡可使其味道變得滑順，此外還可防止食物腐敗。

因其效果與遠紅外線陶瓷的效果完全相同，故麥飯石與遠紅外線陶瓷一樣，也能集積，放射宇宙能源。

基於上述想法，我用宇宙能源測定裝置來測定麥飯石。

結果發現，所得的數字極大，這便證明它的確能放射宇宙能源。由此可以推知，麥飯石的各種效果，同樣來自宇宙能源。

另外，水晶也能集積、放射宇宙能源。

線圈力量的神奇力量

下面要介紹的，是線圈力量的神奇能源。將許多銅線捲成線圈用手晃一晃，線圈就能釋放出宇宙能源，而這能源也能產生如前所敘述的各種效果。

例如，將能源長時間抵住身體，可去除肩膀酸痛、腰痛及各種疾病。

線圈本是電流通過的物質，因此不需電流，只用手搖一搖線圈，就能釋出宇宙能源，消除肩膀酸痛、治癒疾病，確實很不可思議。

我並不瞭解線圈力量的原理，不過卻有以下的想法。線圈是圓的集合體，而圓形具有集積・放射宇宙能源的性質，如果加以振動，當然更能強化宇宙能源的集積、放射。

其根據是，靜置的線圈能夠釋出氣（宇宙能源），而搖動繞圈所釋出的氣更大爲增加。

藉著搖動線圈釋出宇宙能源，並用來照射身體的增進健康器具，目前已經公開上市。

將科學與宗教一體化開發的塔奇安能源

前面已經爲各位介紹了許多宇宙能源。宇宙能源之所以有各種不同的名稱，是因取出方式有異的緣故。

例如，金字塔力量、六芒星力量、線圈力量等，都是由形（圖形）集積・放射的宇宙能源；氣功的氣能源或瑜伽的普拉那，是由人體集積、放射的宇宙能源；遠紅外線陶瓷、麥飯石、水晶等，則是由材質集積、放射的宇宙能源。

在我們周圍的空間中，充滿了宇宙能源，其取出方法有前面介紹的各種方法。隨著取出方法不同，宇宙能源的强度和效果程度也有所差別。

換言之，當能大量取出宇宙能源時，不僅電池得以充電、連癌症等重症疾病也能治癒。反之，當宇宙能源較弱時，效果自然也大打折扣。

在序章曾經提到發明自然吸收宇宙能源，而恢復電力的電池的奧利安・約瑟。約瑟取出宇宙能源的方法，和前所叙述的方法不同。以下就爲各位介紹由奧利安・約瑟所開發出來的宇宙能源取出法。

約瑟所開發的宇宙能源，稱爲塔奇安能源。

奧利安取出宇宙能源的方法，是在研究科學的量子論與宗教教典時，無意間發現的。相信二十一世紀是宗教與科學合爲一體的時代，想要儘早實現科學與宗教一體化的目標，正是約瑟獲得成功的原動力。

根據約瑟的說法，現代量子論已經陷入瓶頸。而提倡超越瓶頸理論的迪威德・波姆的量子論，對塔奇安能源的開發助益頗大。談到宗教書，很多人會逐字逐句閱讀基督教的聖經或釋迦、日蓮的佛經作爲參考。但是，約瑟認爲聖經和佛教書籍並非宗教書，而是當時的科學書籍。

約瑟的發明，重點在於具體地創造出異次元反應爐，令人感到不可思議的是，任何物質丟進反應爐內，都會變成湧出異次元塔奇安（宇宙）能源的物質。雖然有關異次元反應爐的詳細內容不得而知，但奧利安・約瑟卻利用此反應爐開發出「塔奇安珠串）「塔奇安纖維床單」「塔奇安水」等商品。

磁氣與磁氣水的效果

在本章接近尾聲之際，還要爲各位介紹磁石的磁氣效果及照射磁氣的磁氣水的效果。磁氣能源或磁氣水的力量較弱，但是卻能產生和照射前所介紹之各種能源的水相同的效果。

人們早在很久以前，就開始研究磁氣對植物生長的效果，並提出許多研究報告。有關磁氣對植物的效果，包括促進發芽、莖的生長增大、根部發達、加速果實的成熟及收穫量等。

至於能展現效果的植物，則包括大麥、小麥、玉米、菜豆、包心菜、番茄、洋蔥、蘋果等。

微弱的磁氣對健康有益，因此也有人將其製成商品。

另一方面，水照射磁氣所得磁氣水的效果，包括治療疾病、促進植物生長、維持食品新鮮度、防止水垢附著水管等。

中國人自古就知道磁氣水對治療疾病有效，因此有「中國湯」「授子水」「鎮驚水」

等名稱產生，使用於治療高血壓、婦女病、小兒抽筋等，並且留有記錄。即使是在現代，仍然有很多人相信磁氣水具有維持健康、治療疾病的效果。

在植物栽培及養殖漁業方面，也具有增加收穫等各種效果。用於豆腐、蒟蒻、魚膏等食品，則具有增進美味、保持鮮度的效果。

由此可知，磁氣水與先前所介紹之未知能源，亦即宇宙能源的效果相同。

和其它能源不同的是，金字塔力量水、氣功水或陶瓷力量水效果可持續數月之久，磁氣水則只能持續數小時而已。

如以上所言，磁氣的照射效果並非很强，但基本上與金字塔力量、氣能源、陶瓷力量、線圈力量、塔奇安能源等並無不同。

包括金字塔力量在內的種種宇宙能源，都可能是磁氣能源。

第3章
由空間取得電

取得在周遭空間中無窮盡的電

在我們周遭的空間中，充滿了科學尚未認知的宇宙能源——當我這麼說時，想必很多人都會感到非常驚訝。因此，本章就爲各位說明這個驚人的事實。

人類可以從周圍空間中無限存在的宇宙能源取得電，乃是不爭的事實。再說一遍，「從空間中取得電」。很多人會對這個說法抱持懷疑態度：「哪有這回事！」但我可以舉出證據來證明這個事實。

人們之所以無法認同「人類可以從周圍空間中無限存在的宇宙能源取得電」的說法，理由在於：「連科學都無法認定，叫我們如何相信呢？」

那麼，爲何現代科學無法加以認定呢？

原因在於我們周遭的空間，也就是真空中充滿著超微粒子的宇宙能源，但因其體積小至超出現代科學所能檢出的最小限度（檢出界限），故現代科學否定其存在。既然否定有超微粒子存在，當然不承認可以從宇宙能源中取得電。

此外，宇宙能源是肉眼看不到的多次元世界裡的能源。所謂多次元世界，就是「靈能源生命體」存在的世界，亦即會產生所謂超常現象的世界。

現代科學以物質世界為研究對象，並未注意到與物質世界重複存在的多次元世界的存在，故根本不承認有多次元世界存在。所以，現代科學完全不曾察覺存在於多次元世界裡的宇宙能源的存在。

由空間取得電的原理

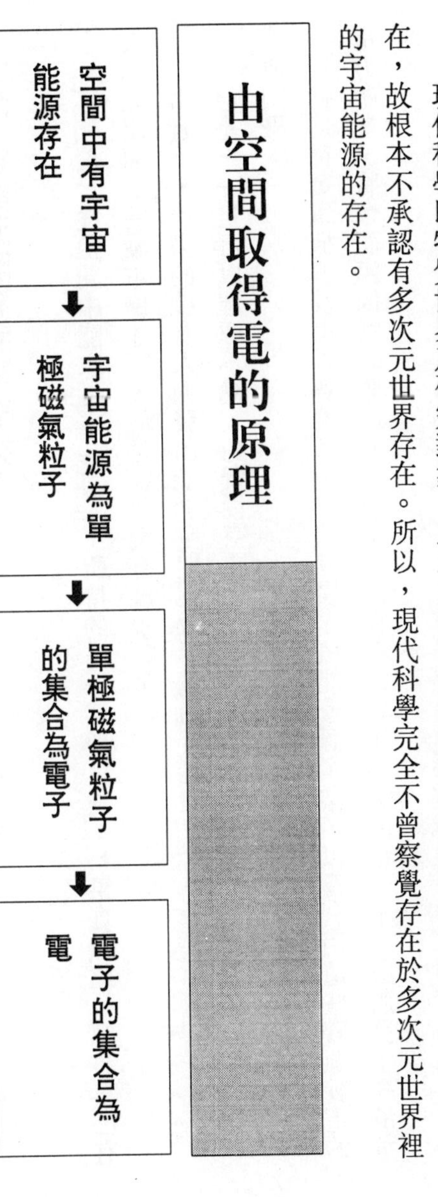

宇宙能源一如後章所言，具有各種大小不同的複合單極磁氣粒子。單極磁氣粒子是電子的構成要素，而電是電子的流動。因此如前圖所示，可以從宇宙能源中製造電。

地球的科學極度落後，至今只瞭解宇宙或物質的構造，而這也是導致能源危機，地球文明危機的主因。

可嘆的是，至今還有很多人相信現代科學非常發達，幾乎瞭解全部自然現象。

事實上，現代科學又侷限於物質世界，並不瞭解真正的宇宙構造或物質構造，當然也不瞭解自然現象。在這種情況下，又如何能說明超常現象呢？

由此可見，不肯相信外星人、ＵＦＯ、多次元世界確實存在的冥頑分子，是阻礙地球科學、文化發達的最主要原因。

阻止宇宙能源開發的黑暗勢力

不相信「從空間中能取得電」的人，所持的另一個理由是：「果真如此，應該早已有人開發出類似的發電機才對，但是我並沒有聽說啊！」

事實上，過去的確有人開發出能從空間中取得電的發電機。

但是，一旦可以源源不絕，免費從空間中取得電的發電機公開上市，勢必會對某些人造成困擾。

當這種發電機普及世界各地時，石油、煤、核能資源產業，以及利用這些資源發電的電力產業，將會面臨倒閉的命運。石油生產國在石油賣不出去的情況下，必將發生經濟危機。

如此一來，世界經濟將會陷於混亂。要言之，「從空間取得電」的技術開發後，會導致整個世界的經濟結構崩潰，改變整個歷史，故而是「非常重大」的發明。

尤其是對掌握世界能源，驅動世界能源產業的「影子世界政府」，「從空間中無限制地取得電」這種宇宙能源發電機的普及，無異是要他們放棄既得利益。爲了保護自身利益，「影子世界政府」使出各種陰謀，極力阻止宇宙能源利用技術的開發。這，也注定了宇宙能源發電機的悲劇下場。

過去開發的宇宙能源發電機，不論是已開發或即將開發，都因受到有心人的掣肘而告夭折。這也正是以往所開發出「從空間中取得電」的發電機，未能在世間廣爲流傳的主要原因。

但是，如今地球文明已經陷入瓶頸，地球也因二氧化碳等環境問題陷入嚴重的能源危機中，因此，我們再也不容能源支配勢力繼續對「宇宙能源發電機進行破壞陰謀」。

今後的當務之急，是在不致引起社會結構和經濟結構混亂的前提下，加速開發「宇宙能源發電機」，並使其普及世界各地。

開發宇宙能源發電機的科學家

撇開過去曾經發明宇宙能源發電機的先進不談，最近在日本，也有二人成功地開發出宇宙能源發電機。

第一位發明者是都內居民，基於由磁石能取得能源的想法進行長達十五年的研究，結果終於成功地開發了這種發電機。此人原打算於一九九〇年十月十六日，在日本池袋的陽光大廈召開記者會，公開發表其裝置及研究資料。知道這個驚人的消息後，我當即決定前往。不料後來卻以資金不足爲由，取消了記者會。如果真是資金不足那倒還好，但我認爲記者會是因壓力而被迫取消的。

第二位是前不久在偶然的機會裡認識的知花敏彥先生。在得知他的宇宙能源發電機已大致開發完成後，我迫不及待地趕往由他一手創辦，位於山梨縣清里的環境保全研究所去一探究竟。

知花讓我參觀了實際操作裝置的情形。由所得的出力超過入力來看，他的宇宙能源發電機的確已經完成。據知花表示，他打算在最近公開發表。可以預見的是，他的發表勢必會造成轟動，而我則抱著樂觀其成的態度。

除了宇宙能源發電機以外，環境保全研究所還基於保護地球環境的目的，開發出各種商品。事實上，該所已經利用宇宙能源開發了幾種劃時代的商品。從保護地球環境的觀點來看，這未嘗不是一件好事。

由以上敘述可知，宇宙能源發電機在日本已經完成了。

那麼，過去有哪些人開發出宇宙能源發電機？現在又有哪些人正在進行開發呢？下面就爲各位介紹這些主要開發者及其技術。

宇宙能源發電機的先驅者尼可拉・提斯拉

知道尼可拉・提斯拉（一八五六～一九四三年）的人不多，但是談到宇宙能源發電機，早在距今一百年前就開發出從空間中取得電的技術的先驅者，尼可拉・提斯拉的名字卻令人難以忘懷。

尼可拉・提斯拉出生於南斯拉夫克羅西亞共和國一個名叫斯米利安的小村落。其父爲希臘正教牧師，母親也出自牧師世家，而其祖母據說是一位超能力者。

提斯拉是一位罕見的天才發明家，打從孩提時代就希望日後成爲一名技師，並且利用身邊之物發明各種東西。早在五歲那年，他就發明了一架獨特的小型水車。

少年時代的提斯拉爲幻視癖所苦。所謂幻視癖，是指會突然閃過一道强光，緊接著昔日實際看過的景物，會如同真實般地出現在眼前，或者說某句話時，突然喚起各種印象浮現在眼前。

不過，幻視癖卻也給十七歲就進入發明家之途的提斯拉，帶來很大的幫助。每當有構想浮現時，甚至不必進行實驗，構想就會具體地化爲圖面或模型出現在眼前。

天才科學家尼可拉·提斯拉

◇與愛迪生對立的提斯拉

從奧地利波里提克尼克中學中途退學的提斯拉，於一八八一年進入匈牙利布達佩斯國營電信局工作，但不到二年便辭職求去。後來又前往有發明王之稱的愛迪生在巴黎所創辦的小公司工作。

在這期間，提斯拉開發出交流誘導馬達。看出提斯拉才能的經理巴奇拉，建議他到美國去見愛迪生。

提斯拉抵美後便留在愛迪生身邊工作，但是兩人的性格完全相反。提斯拉深具教養，性格小心謹慎、注重理論，是憑靈感從事發明的天才發明家。而愛迪生則幾乎從未受過正規教育，是憑著不斷努力而成爲發明家。

因此，兩人的意見經常對立。例如，提斯拉說明交流的好處而主張推廣交流馬達，愛迪生卻主張推廣直流馬達。這場交直流之戰，也就是提斯拉與愛迪生之戰，一直到尼加拉瓜瀑布電力公司決定採用交流電才告結束。後來，交流電果然普及世界各地。

◇引出自然能源的提斯拉

離開愛迪生後，提斯拉將有關交流的專利權賣給威欽格豪斯公司，再利用這筆資金於一八八七年在紐約設立自己的研究所。

提斯拉在此進行了「提斯拉線圈」「擴大傳送機」「地震發生裝置」「無線操縱裝

置」「地球全體照明裝置」等發明和研究。這些看似荒唐無稽、毫無關連的研究，卻證明了提斯拉發想的一貫性，也就是將自然界的能源引出至最大限度。

想到少年時代目睹小雪珠不斷滾動而成爲像房子一般大的雪球的情景，提斯拉認爲：「自然界一定蘊含著某種巨大的能源。問題是，這種蘊藏在自然界中的巨大能源，要如何才能直接取出呢？」

提斯拉確信，只要能將蘊藏在空間中的無限自然能源取出利用，人類就能得到無窮盡的能源。而「提斯拉線圍」「擴大傳送機」的發明，則證明了這個事實。

◇提斯拉線圈與擴大傳送機的發明

「提斯拉線圈」這種特殊的變壓器，是利用高周波振動的電共鳴而獲得高壓電的裝置。此變壓器能吸收宇宙能源，是開發吸收宇宙能源技術的關鍵。其內容或許稍嫌專門，但在此還是爲各位詳細說明一番。

一般變壓器的鐵心，只捲一次線圈與二次線圈，提斯拉線圈則沒有鐵心，而是將一次線圈與二次線圈的比例增大捲成同心圓筒狀，一次線圈的回路與蓄電器之間有火花空隙。

在一次回路中，利用電池或交流電源使蓄電器充電，則在火花空隙會產生放電作用。這時，一次回路發生高周波的振動電流，二次回路則發生超出捲線比以上的高電壓。

不可思議的是，該變壓器的出力大於入力，屬於能源增幅型裝置，在火花空隙部分會

尼可拉・提斯拉所發明的提斯拉線圈

由外部空間吸取宇宙能源。

對宇宙能源發電機的開發而言，提斯拉線圈是一個非常重要的啓示。由第一章所介紹的哈奇森效果就可知道。它是在反重力裝置的原理上，產生重要啓示的裝置。

所謂的「擴大傳送機」，簡單地說就是巨型化的提斯拉線圈。使用「擴大傳送機」時，不必電線就能傳送電力，而在電力輸送的過程中，可由空間中取得能源，故而受電時的電力比送電時更爲增大。

這個裝置在送電時，放電的超高周波電流與存在於地球周圍空間中的宇宙能源，產生共振的振動數後，便能吸收宇宙能源，在受電時增大電力。換言之，這是增大電力的輸送裝置。

在紐約，提斯拉成功地發出四〇〇萬伏特的高電壓。後來因位於紐約的研究所毀於祝融，於是改在科羅拉多設立新的研究所。在那兒產生了一二〇〇萬伏特的高電壓，成功地以無線方式輸送電力。擴大傳送機實驗是在夜間進行，當時空中色彩繽紛，並發出巨大的聲響。在這次實驗當中，提斯拉成功地以無線的方式，點亮了二〇〇個位於四〇公里以外的五十瓦白熱燈泡。

◇地球的定常波與世界系統

成功地完成電力無線增幅輸送後，提斯拉心想：如果能找出地球的定常波（非赫茲波），不就能使擴大傳送機的高周波與地球之間產生共鳴了嗎？如此一來，就可以以較低成本將莫大能源傳送到世界各處，同時將全世界的電信電話網組織起來，建立全球性的情報網路了。

根據提斯拉的理論，從地球定常波所得到的能源，與距離的二次方成正比，不會衰減。提斯拉將其命名為「世界系統」。為了實現「世界系統」，提斯拉於一九〇一年開始在長島興建巨型無線送電塔，後因J・P・莫根中止資金援助而宣告流產。

提斯拉晚年境遇淒涼、潦倒以終。在他死後，FBI立刻派人至其家中取走重要研究資料。因此，有關提斯拉研究的重要部分，並未在民間流傳下來。這，當然又是出自一心想要隱瞞宇宙能源存在的「影子世界政府」的授意。

從尼可拉・提斯拉的成就來判斷，說他是外星人送來啓蒙地球人的人類，可說一點也不為過。

開發理想發電機的亨利・莫雷

美國的亨利・莫雷（一八九二～一九七二年），也是開發宇宙能源發電機的發明家之一。

莫雷打從少年時代開始，就成為尼可拉・提斯拉的忠實信徒。他秉持著提斯拉「宇宙空間中充滿能源、可以從中取得無限能源」的想法，致力於研究開發。

十七歲時，他用從地中取得的電，成功地點亮了小型弧光燈。莫雷認爲，這個能源是來自空中而非地中，於是後來便致力於開發從空間取得能源的裝置。

莫雷所開發的宇宙能源發電機，是沒有旋轉部分的理想發電機。其裝置主要由天線、真空管、蓄電器、升壓器、接地線與莫雷真空管等神奇的零件所組成，構造非常簡單。

這個系統的原理，是透過天線取得宇宙能源，再利用莫雷真空管將宇宙能源轉換爲電，然後利用升壓回路使電壓上升爲平常使用的電壓。

其關鍵在於稱爲莫雷真空管的零件。它是一種由名叫「瑞典石」的柔軟白色石狀物質所製成，是能夠收集宇宙能源將其轉換爲電的檢波器。

二十歲那年，莫雷前往母親的故國瑞典學習電氣工學，在烏普沙拉大學上了二年課。結果，他不僅完成了有關宇宙空間中充滿能源的博士論文，還在偶然的機會裡發現了「瑞典石」謎樣的礦物。這個謎樣的物質，日後在莫雷的研究中發揮了極其重要的作用。

從瑞典返國後，莫雷輾轉換了幾個工作，但並未中止宇宙能源變換系統的開發，最後並且獲得成功。一九二〇年代，莫雷一再就自己開發出來的裝置進行公開實驗，獲得了熱烈迴響。

莫雷所公開的裝置，是與一般人想像中的發電機不同的小型盒子。只要將天線和接地

亨利・莫雷與他所開發的裝置

線連接在盒子上，便可像變魔術似的點亮電燈。

科學家對莫雷的裝置頗感興趣，極欲瞭解其構造，但對裝置的中樞部分──「瑞典石」──的功能，卻無法用正統科學來解釋，而莫雷自己也說不出個所以然來。為此之故，其發明始終未能申請到專利。

後來莫雷持續改良裝置，終於在一九三九年製出可取得五〇瓩電力的裝置。但莫雷的裝置終究還是被瞭解其偉大之處的蘇俄勢力所擊潰，在還來不及普及全世界之前便銷聲匿跡了。

艾德溫・格雷的EMA馬達

美國的艾德溫・格雷（一九二五〜）開發著名的EMA馬達，是比較接近現代的事情。ＥＭＡ馬達的ＥＭＡ，是Electro Magnetic Association的簡稱，其特徵是一旦開始啓用後就完全不需要燃料，直到裝置毀壞爲止能一直發揮作用，是極爲理想的馬達。ＥＭＡ馬達能產生電力，使汽車移動，堪稱是劃時代的產品。

未曾受過高等教育的格雷，從小就喜歡玩機械和電氣產品。有關格雷開發ＥＭＡ馬達的動機及開始時間，我們不得而知，但他足足花了十二年才完成這項發明。

ＥＭＡ馬達的一號機於一九六一年完成，但在嘗試運轉的瞬間就毀壞了。而二號機也只運動了一個半小時，就發生故障。三號機則持續運轉了三十二天。格雷將機械拆開，對各部分做詳細調查，並將結果寫成報告。

在二〇〇名市民的資助下，格雷於一九七三年完成了第四號機。

ＥＭＡ馬達的原理，是在電池與馬達之間有蓄電器及高壓火花放電部分，放電電流在馬達的固定子、旋轉子的電磁石線圈流動。固定子與旋轉子以相同電流形成電磁石，使兩者產生相反作用而使馬達運轉。至於火花放電，則是在馬達運轉無法發揮作用時，藉由電流使電池再度充電的構造。

ＥＭＡ馬達的重點，在於火花放電部分，由此取得宇宙能源而產生電流增加的現象。格雷曾經表示，他之所以會想到發明ＥＭＡ馬達，是從閃電放電中得到的啓示。

前面所介紹由尼可拉·提斯拉所開發的提斯拉線圈，也有火花放電部分，而火花放電

開發 EMA 馬達的艾德溫．格雷

格雷所開發的 EMA 馬達

對吸收宇宙能源具有重要作用。

不論是發電機或馬達，一旦作動以後，整個裝置都會產生熱度。但是ＥＭＡ馬達作動時，裝置卻相反的會冷卻。對此，曾經親眼目睹ＥＭＡ馬達運作的井出治先生的說法是：「用手觸摸時有冰冷的水滴」。由裝置不熱反冷的現象，即可證明它吸取了宇宙能源。

ＥＭＡ馬達是不需要燃料的理想馬達。一旦普及，能源產業就會面臨倒閉的危機，屆時整個世界經濟結構也會產生巨大變化。執世界經濟之牛耳的勢力，當然不會樂意看到這種事情發生。

因此，ＥＭＡ馬達在普及之前便遭人竊走，格雷及其家人也下落不明。

約翰．沙爾的飛碟型發電機

英國的約翰．沙爾（一九三一年～）是一名電氣技術人員，於一九六〇年代成功地開發出宇宙能源發電機。和前面幾位發明者一樣，他也為了推廣宇宙能源發電機而遭到龐大勢力的迫害，更一度因意志消沈而無法重新振作。所幸沙爾具有不死鳥的精神，終於走出陰霾，再度致力於開發工作。

由於約翰．沙爾在開發飛碟型宇宙能源發電機時，裝置出現飄浮的現象，因此他可說是同時開發了飛碟和宇宙能源發電機。

宇宙能源一如先前所言，不僅能製造電，同時還能作爲引力的能源而產生反重力。由此可知，發電機和飛碟的開發，具有互爲表裡的關係，因而宇宙能源發電機會向上飄浮，自然也不是什麼不可思議的現象。

沙爾的裝置，是將鈫、尼龍、鈷、鈦等材料排成層狀成爲多重環，並在環之間配置圓筒型的小型磁石。當多重環旋轉時，圓筒型的小型磁石在自轉之餘，還會繞著多重環的周圍轉動。這種情形，就好像以太陽爲中心的行星一樣。至於整體概況，則可以比喻爲進行永久運動的太陽系。

多重環一旦開始旋轉，不必由外部給予任何能源便能持續旋轉。這時，各環之間會產生起電力，並且不斷擴增至各環層，因而在中心軸及最外周環之間會形成强力起電力。

這就是沙爾發電機的原理。

沙爾的水平飛碟型發電機在開始測試時，不負衆望地產生了强大電力。持續進行測試的結果，飛碟的旋轉速度不斷加快，出現了靜電作用及臭氧味道。當速度再向上提升時，飛碟便離開架台往上空飄浮。在場參觀測試的人見狀，不禁嘖嘖稱奇。

飛碟離開驅動源形成自勵驅動的狀態，在十五公尺的高空中停留一陣子後，便急速上升，朝正上方飛去，頃刻間便消失在衆人的視野內。當然，後來的實驗也出現同樣的情形。

沙爾和其它開發者同樣遭到種種迫害，不是電力被偷盜就是遭中止送電，許多重要資料更因不明原因的火災而付諸一炬。

但是沙爾並未就此放棄，至今依然堅守在開發的崗位上。

路吉·克特曼的MIL變頻器

MIL變頻器在大約十年前於瑞士開發成功，是接近於理想的宇宙能源發電機。發明者爲瑞士籍的路吉·克特曼。

這是根據「威姆茲哈斯特靜電起電機」，所開發出來由靜電中取得電的發電機。至於威姆茲哈斯特靜電起電機，則是一百多年前由英國的威姆茲哈斯特所發明的。

「威姆茲哈斯特靜電起電機」的原理，是轉動二片相對的圓盤把手，使其朝相反方向轉動便可產生靜電，另外再用二個大瓶子貯存靜電，將靜電導入蓄電器內，瓶子就可藉由能產生火花放電的高電壓得到高周波的電力。而MIL變頻器的構造，就是將所得電力的一部分，作爲二片圓盤旋轉的動力。

MIL變頻器的二個瓶子之間有共振回路，靜電在瓶子共振時吸取宇宙能源。最初是用手轉動圓盤，之後不必自外部給予任何力量就能持續旋轉，從而取得電力，因此是非常理想的宇宙能源發電機。

本裝置的旋轉較慢，平均每秒只能旋轉一次，但是卻能產生出力數瓩的電力。據傳目前在瑞士具倫附近的村落，就使用出力二三〇伏特、三～四瓩的變頻裝置。

受到許多人挑戰的N—機器

N—機器是距今一百六十多年前，由英國的法拉第根據單極誘導原理所發現的發電機，原理本身並非新創。而所謂的單極誘導發電機，其實就是製造直流電的發電機。法拉第是首先發現電磁誘導現象的科學家。當今世上所使用的發電機，就是根據他所發現的電磁誘導演變而來的。因此，如果說人類所以能夠享受到電力恩惠全拜法拉第之賜，絕非言過其實。

N—機器的構造原理非常簡單。當在中心軸方向擁有磁場的圓筒型磁石高速運轉時，中心的運轉軸與圓筒外周之間會產生起電力。

N—機器在某種條件下會產生超出入力以上的起電力，因此現在有很多研究者開始進行開發。

例如，美國的迪帕爾馬獲得超出入力五倍的出力，印度的提瓦里則得到二・五倍的出力。與N—機器有關的情報傳入日本後，有人開始對迪帕爾馬等人的製置進行追加實驗，不過到目前為止還沒有得到超出入力以上的出力。

日本首位開發宇宙能源發電機者——井出治

井出治是日本首位從事宇宙能源發電機的開發者。促使井出先生全心投入於宇宙能源發電機的開發工作，是在他和有意將伊布・格雷的技術導入日本的秋山義隆，連袂赴美實地參觀EMA馬達以後的事。

從那之後到現在，二十年來井出先生一直致力於宇宙能源發電機的開發。在所屬公司自然社的諒解下，井出才得以專心地從事開發工作。

剛開始時，井出是以EMA馬達爲模型進行研究開發，但因不具有再現性，所以便中止此一構想。而今他所開發的馬達，是由自由振動的電磁共振回路中取得機械出力。

通常，自由振動的電磁共振回路，會因內部損失而引起衰減振動。如果想要使其持續振動，就必須設法從外部給予電氣能源，進行强制振動。

但是井出發現，使用具有特殊磁氣構造的線圈，振動不僅不會衰減，反而還會增大。這種具有特殊構造的線圈，其實就是利用磁力線的作動，具有磁場構造的線圈。井出使用這種線圈，成功地將線圈內所產生的部分逆起電力加以封鎖。結果，即使從線圈取出機械出力，振動也不會衰減，甚至還有增大的現象。

此一發現將使得教科書必須重新改寫，但井出卻謙虛地表示：

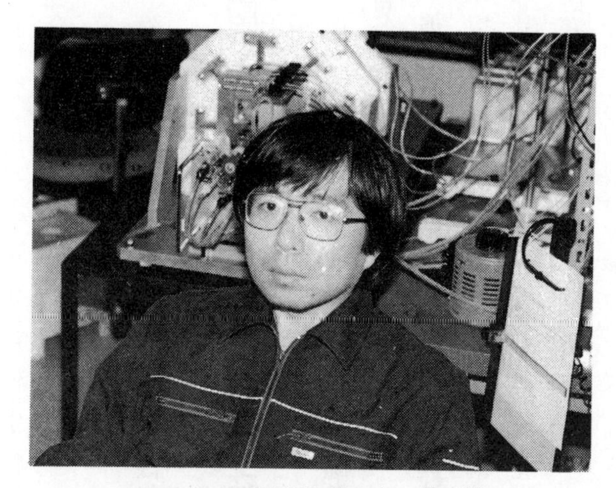

日本宇宙能源開發的第一人・井出治

井出治正在開發中的發電機

「這個現象只是說明能夠吸取宇宙能源而已。」

在以往，與電氣入力相比機械出力較低；如今機械出力、機械損失及電氣損失加起來的綜合出力超過一〇〇％，達一一三％。一一三％這個數字，是經由精密測定機器所得到的，這也證明確實是在吸取宇宙能源。

附帶一提，井出先生的馬達研究，目前仍在繼續進行當中。

美國學會正式承認宇宙能源的存在

過去，在從空間中取得電的宇宙能源發電機開發成功後，每當要大力推廣，就會受到來自各種勢力的壓迫而告失敗。

但是最近有二項情報顯示出，隨著與地球溫室效應等環境問題有關的能源危機日益嚴重，以往進行「摧毀宇宙能源發電機」的勢力，已經改變其政策。

其一是宇宙能源國際會議的召開。此次會議於一九八九年十月、二十八、二十九日兩天，在瑞士的艾因吉迪倫召開。

「宇宙能源國際會議」的宗旨，是希望透過先進開發者公開其開發狀況及互相討論，促進尚未被科學家認可的宇宙能源發電機的開發。在這次會議中，共有八〇〇名來自世界各地的人士出席。

由以往所受到的鎮壓來看，宇宙能源國際會議能夠順利召開，本身就是一項劃時代的進步了。

其二是，美國正統科學學會，已經公開承認宇宙能源的存在。具體地說，以往從未以正統科學的立場正式承認「宇宙能源」的美國原子力學會、汽車技術人員學會、化學學會、航空宇宙學會、機械學會、電氣電子學會及化學技術學會，於一九九一年八月在波士頓共同召開的「第二十六屆能源轉換會議（ＩＥＣＥＣ）」中，進行對宇宙能源發電機的研究發表和討論。

這表示以往無視於宇宙能源或宇宙能源發電機存在的科學學會，已經正式承認宇宙能源的存在。

對那些過去只能偷偷進行宇宙能源的開發及研究的研究人員來說，這真是一則有如「撥雲見日」的好消息。

在這兩則劃時代的情報傳出的同時，在學會背後操縱世界能源的支配勢力，也表達出改變世界能源政策，以「無窮盡的宇宙能源」取代「石油·煤等石化燃料及核能」的意願。

宇宙能源既已獲美國各大學會的認可，當然也會被世界學會所認可。因此，在不久的將來，宇宙能源將會爲世界衆人所知。

宇宙能源所具有的最主要意識，就是不僅能解除目前人類所面臨的能源危機，同時也是唯一能避免迫在眉睫的地球大毀滅的「神的道具」。

前面說過，進化的外星人，已經建立了利用宇宙能源的理想宇宙文明社會。此外第一章也提到，UFO所使用的推進能源，就是宇宙能源。而在生活等方面，外星人也大量利用這種能源。

爲了拉近與外星人之間的差距，地球人應該加速開發宇宙能源的利用技術，並積極加以活用，以建立理想的宇宙文明社會爲目標。換言之，現在必須拿出決心和勇氣，全力展開「地球改革」的大事業。而其最主要的根源，則在於宇宙能源。

第4章 肉眼看不到的世界

肉眼看不到的多次元世界是存在的

前面說過，宇宙是由物質世界及肉眼看不到的非物質世界所構成。所謂肉眼看不到的非物質世界，就是指精神世界或靈魂世界、多次元世界，是靈能源生命體存在的世界。在此，我們稱它爲多次元世界。

簡言之，多次元世界就是靈魂和宇宙能源存在的世界。靈魂、亦即靈能源生命體，不只存在於人類，也存在於動物、植物、甚至礦物中。

從科學觀點來看，靈魂和宇宙能源存在的多次元世界，是由比目前物理學所能發現的素粒子更小的粒子所構成。超微粒子具有波的性質，故可將其視爲振動數極高的波動世界。

多次元世界就是這種超微粒子、超高振動數的世界，因此一般人無法檢知、科學也不承認其存在。但事實上，多次元世界的存在，只有地球人未曾察覺而已，進化的外星人早已充分意識到，多次元世界才是構成宇宙本質的世界。

人類是肉體與靈魂（靈體）的複合體，肉體死亡後，擁有意識和記憶的靈魂卻會永遠生存著。因此，人類的本位是靈魂而非肉體。

雖然我們無法用科學證明靈魂的存在，但事實上卻有很多顯示其存在的現象。顯示靈魂存在的現象，包括幽體脱離、類似死亡體驗、自動書記、轉世等。

次元不同的各種靈能源生命體確實存在，但是光用語言各位很難瞭解，以下就爲各位舉幾個具體的例子。

神奇的幽體脱離現象

所謂幽體脱離，是指有別於肉體的靈體（意識體），暫時脱離肉體的現象。幽體脱離經常在瞑想中或達到極限狀態時發生。在睡眠中也經常出現，只不過大部分人都沒有察覺到而已。

有關幽體脱離的例子，下面爲各位介紹畫家橫尾忠則的體驗。

身爲畫家、又曾與外星人接觸的橫尾忠則，有過好幾次幽體脱離的經驗。

其中一次是發生在橫尾先生所住的飯店裡。當時他正在自己房間睡覺，不經意地從門下的縫隙間看到一份報紙。奇怪的是，報紙雖是塞在門下，他卻能看得見整個版面。怎麼會發生這種事情呢？他覺得非常納悶，於是站起身來，把臉湊近門邊，没想到臉就這樣穿過了門。

有幽體脫離經驗的橫尾忠則

「哎呀！」在驚呼的同時，他的整個身體穿過門板來到走廊上。他下意識地看看自己的身體，但卻什麼也看不到。震驚之餘，他想趕快回到房間，結果居然不必開門就直接飛回自己的房內。莫非我已經死了？想到這裡，他的心臟不禁怦怦直跳。

就在這時，負責打掃的服務生打開房門走了進來。他悄悄繞到服務生背後，用手去拍對方的脖子。結果服務生哇地大叫一聲，丟下清潔用具奪門而出。我一定是已經死了！他悲傷地這麼想著，不料回過頭來卻看見自己的身體還躺在床上。於是他趕緊飛回床上，並試著活動雙手，手果然能夠往上抬。他再試著抬起上半身，沒想到真的能夠坐起來。這時他才自覺到：「原來我還沒死嘛！」

由橫尾先生幽體脱離的實際體驗，可知肉體以外的意識（靈魂）確實存在。

乘幽體脱離暢遊宇宙的村田正雄

村田正雄的幽體脱離經驗也相當著名。身爲白光真宏會導師，負責長老協談工作的村田正雄，自幼即具有優異的靈能力，經常會有幽體脱離現象。村田幽體脱離的特異之處，在於他曾在外星人的帶領下，乘坐UFO前往月球和金星，有過暢遊宇宙的體驗。

這次幽體脱離的宇宙之旅，發生在一九五九年六月九日。村田先生在道場進行瞑想時，幽體（靈魂）突然脱離肉體，在外星人的帶領下，一同乘坐UFO前往月球和金星等地。一九七五年十二月，村田再度發生幽體脱離現象，遇到了以前見過的外星人，並再次乘坐UFO到金星旅行。村田將自己的體驗寫成詳細的報告，而其內容和以肉體乘坐UFO到月球、金星去的亞當姆斯基的報告類似，因此我相信他的體驗是真的。

村田表示，外星人告訴他：「地球的危機迫在眉睫，如果地球科學再維持落後的現狀，則大部分地球人都會遭到滅亡的命運。」

另外還有很多有關幽體脱離體驗的報告。值得注意的是，歷經幽體脱離、擁有種種見聞和經驗後回到肉體的報告，全都是幽體體驗而非肉體體驗。

由此可知，人類的意識是存在於幽體（靈魂），靈魂才是人類的本體。

藉著瞑想等訓練，任何人都能體驗幽體脱離。而在到達這個階段以後，甚至還能閱讀高次元世界裡記錄過去、未來的報告。問題是，如果只是基於興趣而進行幽體脱離，可能會招致危險。因爲，幽體脱離後殘留下來没有靈魂的肉體，很可能會被浮遊靈等其它靈魂占據。如此一來，幽體便無法返回肉體；就算順利返回肉體，也可能引發種種障礙。

暗示死後世界的類似死亡體驗

所謂類似死亡體驗，是指接近死亡的體驗。有些人明明已被醫生宣告「死亡」，卻又奇蹟似地活了過來，並且談及他在被宣告死亡這段時間裡的種種經歷。這，就是所謂徘徊在死亡線上者的記憶體驗。由於這時自己已經脫離肉體，因此也算是幽體脫離現象之一。

隨著醫學的進步，有復活體驗的人急遽增加，而體驗者的報告也不斷增加。由報告內容非常類似這點來看，可知有別於肉體的另一種生命體（靈魂）確實存在。

有關類似死亡體驗的科學研究，在美國極為進步。其中又以精神科醫生E・邱布拉洛斯、雷蒙・A・姆迪博士和心臟科醫師莫里斯・S・洛林格斯博士等人的研究最為著名。

他們收集了許多具有從「死」裡活過來這種類似死亡體驗者的報告，從中找出共通型態，再以科學方法進行分析，進而確認「死而復生」的存在。

本身也是一位哲學家的雷蒙・A・姆迪博士，花了十二年時間收集近一百五十人的類似死亡體驗例，加以整理後作成報告，結果歸納出類似死亡體驗者具有以下共通的型態：

①聽得到自己的死亡宣告（醫師認定臨終的狀態）
②覺得非常安詳、滿足（沒有痛苦）
③進入一條黑暗的通道（被以猛烈的速度拉進黑暗的空間中）
④脫離肉體（停留在距自己身體約二～三公尺的上空、俯瞰自己的肉體）
⑤遇到他人（前來帶領自己的其它靈生命體出現）
⑥遇到光生命體（以無言的方式交談）

⑦回顧一生（浮現從出生到目前為止的種種影像）
⑧憑意志決定生死境界（決定是否要回到現界）
⑨復甦

當然，並非全部類似死亡體驗者都有上述體驗，但是大多數人都經歷過其中大部分項目，故其共通性不容置疑。關於類以死亡體驗者的具體經驗談，可在各類書籍中看到，以下僅舉其中的一個例子供作參考。

這份體驗報告，是當事人青島輝和（東京・公司職員・執筆時為四十歲）親自撰寫，刊載於雜誌『潮』一九八二年五月號上。

青島輝和的類似死亡體驗

二十六歲那年的某一天，青島輝和所乘的車子因為天雨路滑而猛力撞上護欄。坐在助手席上的青島，全身受到劇烈撞擊，骨盤骨折、膀胱破裂，且意識昏迷，陷入瀕臨死亡的狀態。雖然很快被送往醫院急救，但醫生卻認為已經沒有希望而將他送往安靈室。接獲消息趕來的母親，不忍讓愛子死去，乃請出院長醫治傷者。

不久後，青島發現自己躺在醫院的病床上，周圍擠滿了家人、醫生和護士，正在拚命進行搶救。而脫離青島肉體的另一個青島，則停在靠近天花板的地方，俯瞰躺在床上的青島。這時，醫生用手電筒照著他的眼睛：「瞳孔已經完全張開，我看是沒救了。有誰想見他最後一面的，就趕快進來吧！」醫生怎麼會宣布我已經死了呢？我明明還躺在床上啊！青島情急之下高聲叫道：「別開玩笑，我還活著呢！喂、你們別聽他胡説啊！」但是卻沒有人聽見他的話。

之後青島走進一團灰色的雪中，而其正中央有一個黑暗的洞穴。冥冥之中，青島只覺有股力量把自己拉向洞穴內。當身體穿過洞穴後，頓時變得非常輕鬆。定睛望向四周，發現前面有一座山，山上盛開著黃色、綠色各種美麗的花朵，而自己就如同置身於明亮、美麗的大自然中一樣。不知何故，從小時候到發生意外之前的種種情景，全都好像作夢似地浮現在他眼前。

四周的明亮度不斷地增強。叭地一聲，青島突然恢復意識醒了過來。這時距離發生意外已經過了三天。當發現自己全身腫脹、腹部插著各種大小不同的管子時，青島這才知道：「啊！我受傷了！」

待病情穩定後，青島向護士們致謝，因爲他還記得當時是誰在照顧自己。「當時你的瞳孔已經完全張開，怎麼可能還會看到我們呢？」大家都覺得有點毛骨悚然。

青島的類似死亡體驗，與前述共通型態中的大部分完全相符。這些類似死亡體驗雖不能證明死後生，但是經由死後過程的經過報告，卻暗示我們死後世界確實存在。

藉由自動書記提出警告的三島由紀夫的靈魂

所謂自動書記，就是手利用筆等筆記用品，在不受自我意志控制的情況下，自動寫成文章或畫出圖畫的現象。此一現象的產生，可能是因為有其它人的靈魂附身、藉由該靈魂的意志而形成的。

最近，日本也發生了一件自動書記事件。那就是，切腹自盡的三島由紀夫的靈魂，附在一位名叫太田千壽的女士身上，在不受該女意志控制的情況下，寫下了文章和圖畫。

住在日本神奈川縣的太田千壽，是一位家庭主婦，具有一點靈能力，但是對三島由紀夫的作品卻絲毫不感興趣。而自一九八〇年接受來自三島由紀夫的靈界通信以來，自動書記至今依然持續著。

透過三島由紀夫的靈界通信，太田女士所寫的文書已達一百數十冊、自動繪畫也高達千幅以上。經過辻村興一及雜誌編輯的詳細檢證，證明這些的確是來自靈界的三島由紀夫的東西。

三島由紀夫的靈魂，透過太田女士傳達了以下帶有警告意味的通信內容：「地球已因環境污染等原因而瀕臨危機，再這麼下去的話，地球人類將在二〇世紀末滅亡。到了一九

三島由紀夫

九九年八月二日下午六點，地軸將會開始移動、人類的危機也接踵而至。這時，會發生核子爆炸。滅亡的人類成爲大群靈魂，移往獵户星雲彼端的星球再生爲人類。現在還來得及。如果不想這種情形發生，就趕緊謀求對策拯救地球吧！」

據我推測，三島由紀夫應該是擁有外星人靈魂而誕生的地球人。因此才能透過記錄知道地球悲慘的未來，靈魂更在死後再度回到宇宙，不斷對地球人送出警告訊息。

像這類自動書記的例子，也强烈暗示靈魂的存在。

證明前世的轉世現象

所謂「轉世」，就是人死後靈魂仍然殘存著，並且借宿在新誕生的肉體內再生於人世的現象。

保有前世的記憶時，再生即稱爲轉世，要想加以證明並不難。而一般人不具有前世的記憶，因此即使再生也很難證明轉世的事實。不過，也有人認爲前世的記憶並未完全消失，很多人在幼兒時期都還記得前世的事情，只是因爲還不會說話我們才不得而知罷了。

我很難想像所有的幼兒都記得前世的事情，但保有前世的記憶而再生的例子卻是有的。有位三、四歲的幼兒經常說起前世的情景，結果經過深入調查後，發現他所說的和事實完全吻合。

有關幼兒的「前世記憶」，美國維吉尼大學的精神醫學專家，史蒂文生博士的研究頗負盛名。由博士所領導的一個研究小組，持續二十年以上從世界各地搜集二千多件轉世案例，經過調查、檢討後，將其結果寫成『記憶前世的二〇名兒童』一書。這是第一本利用科學方式進行研究調查，從而確認有轉世現象存在的書籍，因此相當珍貴。凡是看過這本書的人，都不得不相信確實有轉世現象存在。

根據史蒂文生博士等人的調查，擁有前世記憶的兒童，會在二、三歲時開始談論其內容，但這些記憶會隨著成長而逐漸被遺忘。

前世記憶也可以藉著催眠術引出。通常是採用逆行催眠的方式，也就是對處於催眠狀態下的當事人，給予年齡倒退的暗示，從而引出潛在意識下的記憶。例如，催眠者告訴當事人：「你現在三歲，告訴我你看到了什麼？」在催眠者的誘導下，大部分的人都能回溯潛在意識下的記憶，使早已遺忘的三歲時的點點滴滴再度變得鮮明、深刻。如果將年齡繼續往前推，還可以引出出生以前，也就是前世的記憶。

對被催眠者在逆行催眠法中，所提有關自己前世的狀況或生活環境進行調查時，會發現在過去的某段時間裡，這裡的確有這麼個人存在，而其狀況也和被催眠者所說的一模一樣。這時，毫無疑問地可以確認這就是轉世的例子。

有關兒童記憶前世的實例，日本的江戶時代就曾經發生過。這件事在江戶町奉行所的記事簿上，留下了極爲詳細的記錄。轉世記錄居然會在官方文件中留存下來，實在是非常罕見的例子。

勝五郎的轉世

這個轉世記錄中的主角名叫勝五郎，於一八一五年出生於武藏國多摩郡（今東京都多摩地區）中村的谷津入，是一名農夫的次子，取名叫源藏。

勝五郎從三歲開始，就經常對周圍的孩子提起前世的事情，但是敘述並不完整。到了七歲時，勝五郎還是經常向長他五歲姐姐說起自己的前世，姐姐於是將他所說的話告訴父母，事情這才傳開來。

父母把勝五郎叫到跟前詢問究竟，而勝五郎則回答道：

「我是程窪人久平的孩子，名叫藤藏，母親名叫阿靜。父親在我五歲那年死去，不久後母親改嫁給伴四郎爲妻。伴四郎對我極爲疼愛，不料我卻在次年，也就是我六歲時染上天花而死。過了三年，我就進入現在媽媽的肚子裡，成爲你們家的孩子。」

勝五郎還提到自己死後被裝在壺中埋在山丘上的情景。父母原想到程窪去查查看是否真有伴四郎這個人，終因生活貧困而作罷。

有一天，勝五郎要求到前世父親久平的墓前祭拜。拗不過勝五郎的堅持，只好由祖母陪他到程窪去。

兩人進入程窪村來到一棟住宅前，勝五郎喊道：「這就是我家！」隨即衝了進去。祖母跟在其身後走進屋內，詢問主人的名字，結果真的是叫「伴四郎」。再問妻子的名字，則回答叫做「阿靜」。再問她有沒有一個名叫藤藏的孩子時，阿靜表示：「他在六歲那年染上天花死去了。」這些情節和勝五郎所說的完全一樣。

至此，勝五郎是由藤藏轉世的事終於獲得了證實。由這個故事可以知道，人類除了肉體以外還有靈魂存在，而且靈魂還會轉世，也就是進行輪迴轉生。

從以上各種超常現象的事例來看，人類本體，亦即靈魂的存在，已經是毋庸置疑的了。如果還是不相信，就請各位看看相關書籍吧！這是因爲，地球人進化落後的原因之一，就在於靈性尚未覺醒。

進化的外星人不怕死亡

下面所要說明的，是進化的外星人和靈魂、死亡的關係。

地球人不知道人類是肉體與靈魂的重疊存在，認爲人死後一切均告結束，因此非常害怕死亡。反之，進化的外星人瞭解人類的本質在於靈魂，死後靈魂依然生存著，因而並不畏懼死亡。

進化的外星人，曾透過接觸者亞當姆斯基傳來以下的訊息：

「地球人的前世記憶會埋沒在幼兒中，而我們卻能保有記憶轉世到其它星球。和地球一樣，在其它星球上也有死亡，但這並不是真正的死亡，也沒有人會爲死者悲傷。這種別離，只不過是從一種狀態或場所變化到另一種狀態或場所而已。」

這也正意味著，進化的外星人，非常瞭解人類的本體，也就是靈魂的構造及宇宙的構造。反之，地球人卻全然不知，靈性也未覺醒，因此進化的外星人才會頻頻透過接觸者，對地球人進行啓蒙。

兔子的親子通信能力

昔日的蘇聯，曾經將一對屬於親子關係的兔子分開數千公里，藉以調查兩者之間是否具有通信能力。

這項實驗是如何進行的呢?首先，研究人員將母兔放在位於莫斯科的實驗室中，頭上連接腦波器調查其腦波。至於小兔子，則隨著核子潛水艇深入北極海的冰下。處於冰下的潛水艇，完全無法進行無線通信。之後研究人員開始調查，每殺死一隻小兔子時，母兔的腦波會產生何種變化。

此一實驗稍嫌殘酷，不過結果卻頗耐人尋味。令人驚訝的是，在小兔子被殺的瞬間，距離數千公里外的母兔腦波，會出現强烈的反應。這就表示，雖然相距數千公里，中間還隔著一層厚冰，但是母兔和小兔之間卻仍然能夠進行情報傳達。

兔子之間的親子通信，可以視爲是靈能源生命體之間的通信聯絡，同時也間接證明了動物的靈能源生命體的存在。

植物的感情傳達

一九六八年，美國的克里布·巴克斯塔博士發表報告指出，植物具有解讀人類感情的能力。

身爲測謊器專家，主要工作爲教導檢察官使用方法的巴克斯塔博士，經常利用閒暇研究獨特的測謊器。有一天他心血來潮，將測謊器裝在名叫龍血樹的觀葉植物上，想要瞭解植物吸收水分的情形。一般而言，人一旦說謊就會心悸、手心冒汗。當微弱電流通過出汗的手掌時，水分會促進傳導率，因此電流會增多。而測謊器就是根據此一原理而製造出來的裝置。

巴克斯塔博士將測謊器的端子連接在龍血樹上，然後澆水。他認爲一旦水往上吸，傳導率自然會向上提升，不料結果卻完全相反，圖表緩和地下降。以人類的情形來說，這表示此人處於極悠閒的狀態。

深感不可思議的巴克斯塔心想：如果植物會覺得放鬆，那麼是不是也會有緊張的反應呢？於是他將植物浸泡在眼前的咖啡中，不過並未出現任何反應。

這時他又突然想到：「如果我用火柴去燒葉子，不知道會有什麼反應？」正當他這麼想時，赫然發現測謊器的指針急速上升，與人類恐懼時所顯示的波形完全相同。這個偶然的發現，讓巴克斯塔博士察覺到，植物也具有解說人類感情的能力。

以此爲契機，博士重複實驗，對萵苣、洋蔥、橘子、香蕉等二十五種以上的水果和植物進行測試，結果發現它們全都會對人類的感情作出反應，亦即能夠解讀人類的感情。

巴克斯塔繼續進行以下的實驗。首先，他讓六名學生中的一人，將兩盆植物（仙克來）中的一盆連根拔起，然後在剩下的植物上裝置測謊器，並讓六名學生逐一站在植物面前。結果，只有在拔掉植物的那名學生出現時，指針才會大幅擺動。這顯示出植物對該名學生的憤怒情緒。另外，巴克斯塔又作了生物間通信的實驗。

他將裝有測謊器的植物放在無人的實驗室中，然後在另一個房間煮滾開水，再將活蝦放進開水裡燙。相同實驗進行六次，同時比較將死蝦放進滾水裡的反應。結果發現，在活蝦被放進沸水中的瞬間，植物會產生反應。而當打破雞蛋時，同樣的情形也會發生。

由以上結果可知，植物不僅能夠感受到周圍的生命或對生命的危害，像蝦子、雞蛋等生命，也能對周圍的生命傳達自己的感情。

博士認爲植物與動物之間，有共通的情報傳達場，並將其稱爲生命場。生命場在阿米巴原蟲、黴菌、血液中，均已被檢出。綜合以上所述可知，巴克斯塔博士的研究清楚地告訴我們，植物和動物也有靈能源生命體存在。

植物的基爾里安照片

從靈格極高的人類靈魂中，會釋放出氣這種生物體（宇宙）能源。氣的顏色依靈格不同而有所差異。氣的顏色由低到高，依序爲紅、橙、黃、綠、青、藍、紫。只要能夠掌握氣，間接地就能掌握靈魂。

只有靈格較高的人才會出現氣。但除了特殊人士以外，一般人也可以藉著基爾里安照片的拍攝方法看到氣。不單人類，植物同樣也會釋放出生物體能源（氣），並映在基爾里安照片這種特殊的照片上。

拍攝葉片切斷的基爾里安照片時，也拍攝到已被切斷、實際上不存在的部分的生物體能源。稱為幻葉現象。

利用高周波放電發生裝置，將植物的葉子等放在電極板上，持續給予高壓並拍攝照片時，就能拍到生物體能源。

這個現象，是由十九世紀末，前面介紹過的美國天才發明家尼可拉・提斯拉所發現的。而在一九五八年，俄國科學技術人員塞米揚・基爾里安再次發現並介紹給西方，因此一般人稱之爲基爾里安照片。此一裝置是使用先前介紹過，可吸取宇宙能源的提斯拉線圈。

以植物葉片的基爾里安照片來看，新鮮葉片會釋放出强力的生物體能源；鮮度較差的葉子，其生物體能源也較弱。切取新鮮植物的葉片拍攝基爾里安照片時，會發現未切取部分的葉片仍有生物體能源存在這個不可思議的現象，稱爲幻葉現象。也就是說，植物也存在著相當於人類靈魂的能源體，即使植物失去了部分葉片，其靈能源生命體依然存在。

礦物也有氣

人類或植物會釋放出氣這種生物體能源，在先前已經說明過，想必各位都已瞭解。下面要爲各位介紹的，是礦物也能釋放出氣。

根據生物體能源研究所的井村宏次先生表示，讓看得到氣的幾個人看數種礦物，調查礦物的氣時，全部的人都提出了看到氣的報告，而且氣因礦物種類不同而有所差別。一般來說，礦物氣比植物氣更弱，至於氣的强度，則按照礦物、植物、動物、人類的順序逐漸增强。

由先前的說明可知，人類有人類靈魂、動物有動物靈魂、植物有植物靈存在。而由礦物也能釋出氣這一點來看，可見礦物中也有礦物靈存在。

多次元世界才是本質世界

多次元世界中不只有人類靈魂，也存在著動物靈、植物靈、礦物靈。至於次元，則按照礦物靈、植物靈、動物靈、人類靈魂的順序逐漸升高。也就是說，一般是從礦物靈開始轉世，依序提高次元。

成爲人類靈魂並非最後結果，因爲還有次元比人類靈魂更高的靈存在。地球人進化以後，就能達到和住在金星、土星等精神性極高的進化外星人相同的水準；如果繼續進化，則可能成爲沒有肉體的靈人，也就是所謂的高級靈。高級靈再經過一段長時間的進化，就能接近最終的次元了。

在最終次元中，有創造宇宙及宇宙構造、控制整體的存在，這就是所謂的創造主或神。像這樣的宇宙，是多次元世界的靈能源生命體依序進化而構成的。

宇宙是由多次元世界與物質世界重疊構成的，多次元世界是本質世界，物質世界只不過是從世界而已。但物質世界變化較多，能提供各種體驗，是提高靈格的學習場所，也就是所謂的學校。

人類，只不過是漫長進化過程中的一個中途階段而已。

多次元世界分爲許多次元，各次元均有該次元的靈能源生命體及各次元的宇宙能源存在。各次元的生命體，是由次元的基本粒子宇宙能源所構成，以宇宙能源爲生存能源。

第二章所討論的各種現象，亦即宇宙能源在人類、植物、動物身上所顯現的各種效果，是宇宙能源作用於各個靈能源生命體而引起的反應。根據我的推論，次元愈高，各次元的基本粒子便會逐漸縮小（振動數增高），最後成爲終極次元粒子的複合體。

第5章
宇宙的構造

宇宙為雙重構造

由先前的說明，想必各位早已瞭解，我們所居住的宇宙，有物質世界和肉眼看不到的多次元世界存在，而在多次元世界中，存在著包括人類靈魂在內的靈能源生命體，以及可成爲電的宇宙能源。

目前地球文明所遭遇的瓶頸，肇因於地球人並不知道宇宙本質世界，亦即多次元世界的存在。如果想要開展因能源問題、環境問題而陷入僵局的地球文明，就必須促使宇宙意識覺醒，體認多次元世界的存在。

本章將以科學方式爲各位分析現今地球科學尚未認知的多次元世界，並說明包括物質世界與多次元世界在內宇宙的真相及其構造。

在此要再次强調，宇宙間存在著肉眼看得到的物質世界及肉眼看不到的多次元世界。這兩個世界的不同點，就在於構成該世界的素粒子大小不同。

大致說來，物質世界是10^{-18}cm以上的粒子世界，多次元世界則是10^{-18}cm以下的粒子世界。

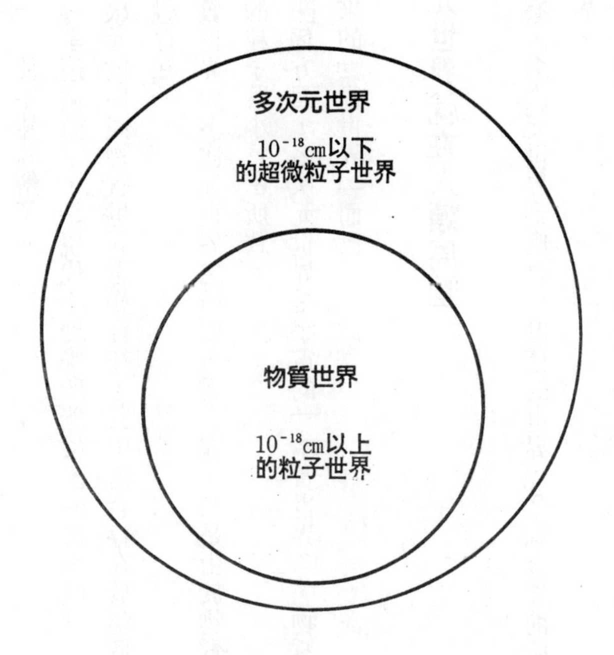

宇宙具有多次元世界與物質世界重疊的雙重構造

多次元世界才是本質世界。

10^{-18}cm究竟有多小，各位或許很難想像，但如果說它就相當於十億分之一公分的十億分之一，便不難瞭解了。

10^{-18}cm這個數字，是現代物理學所能檢出的最小限度，其大小如同電子等素粒子。

多次元世界與物質世界重疊存在，其中前者存在於整個宇宙，而且其中一部分與物質世界重疊存在。

物質世界與多次元世界之所以重疊存在，乃是由於物質世界的粒子較大、較粗，多次元世界的粒子既小且密所致。

在關係方面，多次元世界是宇宙的「本質世界」，物質世界則只不過是多次元世界所製造出來的「從世界」而已。

多次元世界就在人類周圍

那麼，多次元世界到底是什麼樣的世界呢?綜合先前所介紹的各種情報，可知它是以下的世界。

◇是比物質世界的素粒子更小的超微粒子世界，以大小而言是10^{-18}cm以下的粒子世界，存在於我們周圍。

◇依粒子大小又可分爲許多世界（次元）。
◇不只是人類的靈魂，動物靈、植物靈、礦物靈等靈能源生命體均確實存在。
◇是會出現各種超常現象的世界。
◇在終極次元內，存在著支配宇宙整體的宇宙創造主（亦即所謂的神）。
◇科學無法檢知的宇宙能源是存在的。多次元世界的超微粒子就是宇宙能源，而宇宙能源也能製造電。

既然如此，爲什麼現代科學不承認多次元世界的存在呢？簡單地說，主要是因構成多次元世界的粒子太小所致。

多次元世界是由現代物理學所能檢出大小以下的粒子，亦即由位於檢出界限以下的超微粒子所構成的世界。在現代科學無法檢出超微粒子的情況下，自然無法將其當作研究對象。

此外，在多次元世界所發生的種種超常現象，不具有再現性，故很難成爲科學研究對象。這，就是現代科學無法將多次元世界當作研究對象而加以忽視的理由。

基於上述理由，現代科學無法承認多次元世界的存在。

否定乙太（超微粒子）存在的現代科學

前面說過，在我們周圍的空間中，充滿了超微粒子的宇宙能源，而以前的許多科學家，則認爲真空中充滿著肉眼看不到的超微粒子。但是，隱含其可能性的假設，卻被著名的歷史實驗給否定了。這也是現代科學家不承認多次元世界存在的理由之一。

十九世紀電磁氣學極爲發達，人們知道光也是電磁波的一種。問題是，雖然光和電磁波都是波，但要想在真空中傳遞，還必須要有傳遞的媒質才行。

例如，音是音波所構成，但如果沒有空氣作爲媒質，聲音便無法傳達。因此，在真空中根本聽不到聲音。

光和電磁波在真空中傳達，當然需要有加以傳達的媒質，因此當時人認爲有乙太這種超微粒子的物質存在。

對於真空，一般人的概念是「沒有任何物質存在的空間」。但事實上，真空並不等於無，相反地還充滿了肉眼看不到的超微粒子乙太這種媒質。

換言之，宇宙空間幾乎是真空的，但其間卻充滿了肉眼看不到、作爲傳遞光和電磁波的媒質的超微粒子乙太。

以往，乙太這種媒質在宇宙空間中被視爲「絕對靜止」的想法是錯誤的。

於是乎，很多物理學家想要以實驗方式實際證明乙太的存在。

如果乙太是傳遞光的媒質，則光速應該是在乙太中傳遞的速度。地球在繞著太陽轉的同時，也進行自轉。

換言之，地球是在靜止於宇宙空間的乙太中運動。而光在乙太中以一定的速度傳遞。在這種情況下，對地球而言，光速應該依地球運動方向的不同而不同才對。

光速爲三〇萬km/秒，地球的公轉速度爲三〇km/秒，因此要想根據地球運動方向調查光速的差距，則測定方法的誤差必須低於一萬分之一。

最早製造出如此精巧的測定裝置、進行乙太存在實證實驗的，是美國的邁克森與莫里。兩人合力製成名叫邁克森・莫里干涉計的精巧裝置，在各種條件下重複進行觀測。結果發現，光速在所有的方向都是固定的，沒有所謂的速度差。

這個發生於一八八七年的著名實驗結果，否定了存在於真空中，作爲光和電磁波媒質的乙太的存在。

根據先前的說明，在我們周圍的空間中，實際充滿了宇宙能源這種超微粒子。再者，乙太是確實存在的。那麼，何以邁克森・英里的實驗，無法掌握乙太，也就是宇宙能源呢？

邁克森・莫里的實驗裝置圖

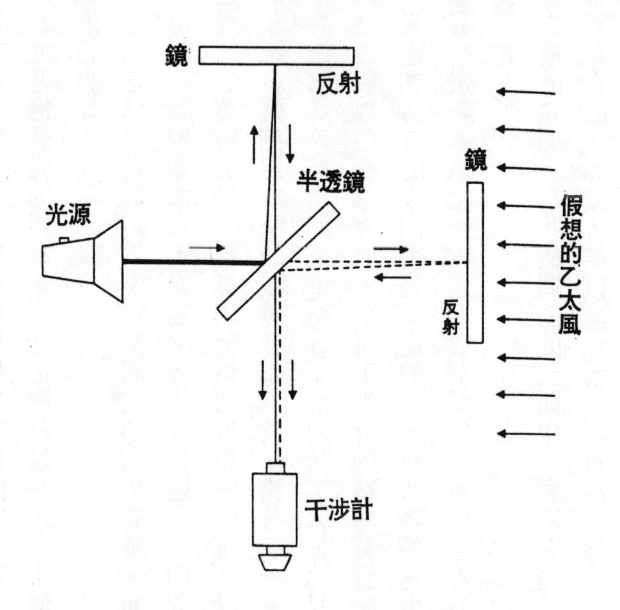

由光源產生的光利用半透鏡直進時，與光形成九〇度反射，光一分為二〇各光反射於鏡子時，會進入干涉計。如果靜止的乙太確實存在，則地球移動時的乙太風，可以由干涉計測得。

那是因爲，當時有認爲乙太是「絶對靜止」的錯誤假設。由於宇宙能源不斷地流動，無一刻靜止，因此無法根據地球的運動方向找到速度差距。

於是後來的科學，便以真空中没有乙太超微粒子存在爲前提進行研究。事實上，真空中充滿著各種宇宙能源。但歷史實驗卻否定其存在，進而阻礙了日後的科學進展。

愛因斯坦的相對論並非絶對

接著，再來談談愛因斯坦的相對論。它是根據「真空中没有超微粒子乙太存在」這個結論所導出的理論。

在剛開始時，人們認爲傳遞光或電磁波的媒質乙太是存在的。然而，邁克森・莫里的實驗卻否定了這一點。因此現在需要的，是不必媒質就能傳達光或電磁波的理論。

於是出現了愛因斯坦的相對論。

愛因斯坦起先也認爲光和電磁波的傳遞媒質乙太是存在的，但邁克森・莫里的實驗卻否定了此一想法，於是想出没有乙太這種媒質存在而傳達光或電磁波的相對論。

根據愛因斯坦的相對論，光是由光子這種粒子進行傳達，故不需要乙太這種媒質。

相對論的基本原理如下：

愛因斯坦博士

①一切慣性系列相對於其它慣性系列，是相對而非絕對。

②測定光的速度時，經常都是三〇萬km／秒。

基於上述原理而對時間和空間產生了新的概念。

愛因斯坦認爲，質量與能源的關係是E＝MC²（C爲光速）。而我所要說的是，愛因斯坦的相對論，其實是在超微粒子（宇宙能源）確實存在，卻被誤以爲乙太這種超微粒子不存在的基礎下，所導出的理論。

因此，愛因斯坦相對論的理論結構固然很好，但卻不是絕對正確。

舉例來說，光速若是維持固定的每秒三〇萬km，那麼外星人在短時間內即可乘坐UFO從幾億光年外飛來地球的事實，又如何解釋呢？由此即可證明相對理論是錯誤的。

據我推斷，愛因斯坦和尼可拉・提斯拉一樣，可能是外星人爲了提升落後的地球科學水準而從宇宙送到地球來的。而從外星人的意義來看，他們應該是具有外星人靈魂的地球人。

此外，根據某些情報顯示，愛因斯坦其實就是與外星人接觸的接觸者。因此，我相信相對論也是從外星人那兒得到啓示而想出來的。

宇宙構造具有種種特徵

宇宙是由物質世界與多次元世界所構成，其構造具有以下多項特徵：

◇具有階層性的相似構造

大家都知道，原子具有電子圍繞在原子核周圍的構造。至於太陽系，則具有行星圍繞在太陽周圍的構造。整個太陽系繞著其它太陽的周圍轉，而這些星球又繞著其它星球的周圍轉。

由此構造所形成的是銀河系，由許多旋轉的銀河系聚集起來便形成銀河團，銀河團集合起來便構成宇宙。所以說，宇宙具有階層性，且各自的構造都具有相似性。

人類和宇宙也具有相似性。換言之，人類是以分子→細胞→組織→器官→人類這種由細胞開始的階層構造所構成，至於整體由腦這個電腦所支配。

另一方面，宇宙是以衛星→行星→太陽→別的太陽→銀河→銀河團→宇宙等階層構造所構成，而宇宙整體則由宇宙創造主全權支配。

由此可知，人類和宇宙的構造極爲類似。

◇「渦」與「螺旋」構造

宇宙構造的一大特徵就是「渦」，亦即旋轉構造與「螺旋」構造。存在於宇宙的物質，會製造出許多的渦，且不斷旋轉。例如，較小的電子不但自己會旋轉，同時還會繞著原子核周圍轉。

地球在自轉的同時，也會繞著太陽的周圍轉。不單整個太陽系會轉，銀河系也會旋轉。同理，銀河團也會捲成渦形不斷地旋轉。

這些旋轉系統的特徵，就是整體中央膨脹、外側則爲平坦的圓盤構造。

根據種種情報顯示，旋轉構造大都多「螺旋」構造。亦即不是在同一地方打轉，而是以「螺旋」方式一邊上升一邊旋轉。「螺旋」運動也是宇宙的特徵之一。其表現方式之一，就是遺傳因子的「螺旋」構造。

◇正與反的成對構造

成對構造也是宇宙構造之一。換言之，存在於宇宙的東西，大多是成對的。亦即有正就有反，有陰就有陽；例如有電子就有其反粒子陽電子存在；有男就有女、有火就有水、有白就有黑，每一種存在的東西，均有其相反東西存在——這就是宇宙的一大特徵。

◇宇宙是由同一材質所構成

物質世界的物質，全都可以分解爲原子，而原子又可分解爲陽子、中子、電子。因此，物質世界的物質，全都是電陽子、中子、電子所構成。

根據外星人所提供的情報：「物質世界的物質，全都是由多次元世界的超微粒子（宇宙能源）所製造出來」，可以推出以下的結論：陽子、電子、中子的素粒子，是由多次元世界的超微粒子所製造出來。

換句話說，多次元世界的物質，和物質世界的物質，都是由同一材料所製造出來的。這也正意味著，宇宙的構成要素其實非常簡單。

多次元世界的最終物質為「單極磁氣粒子」

那麼，多次元世界的超微粒子到底是什麼呢？如果多次元世界的各次元物質，都是由同一材料所構成，那麼它們應該都是由最終次元的最終粒子所構成。

至於最終粒子究竟是什麼，恐怕要請教外星人才知道了。

「宇宙本身就是一個電磁氣海」——或者說「原子或太陽系全都依循磁氣學法則這個最終法則而作動。我們全都知道，沒有磁氣就沒有電。」

這些來自外星人的情報告訴我們，最終粒子就是磁氣，也就是一種「單極磁氣粒子」。磁石必然有N極和S極；所謂的單極磁氣，是指其中一極的磁氣。

現代物理學還無法掌握單極的磁氣粒子。磁石再小仍是磁石，無法分成單一的N極或

S極。

素粒子是擁有最小電氣的粒子，而電子本身也是磁石。這就意味著，電子本身是由比電子更小的磁氣粒子所構成。由於磁氣粒子實在太小，因此現代科學無法掌握。

具有磁氣的粒子爲磁子，故磁氣粒子又稱爲「磁子」。

而多次元世界的最終粒子爲單極磁氣粒子，又稱「單極磁子」。換言之，宇宙的物質世界和多次元世界，都是由相同材料「單極磁子」所構成的。

根據情報顯示，最終粒子的大小爲10^{-67}cm。至於多次元世界，乃是由大小爲10^{-67}cm～10^{-18}cm的粒子所組成的世界。其中，10^{-67}cm所代表的，是無限小的粒子。

多次元世界可分次元不同的許多世界。而次元的不同，係根據構成各次元的基本粒子的大小來區分。

各次元也可以用不同的波長來表現。那是因爲，超微粒子除了是粒子以外，也具有波的性質。

宇宙構造的特徵之一，是具有宇宙各世界都是由相同材料所構成的單純特質，因此儘管多次元世界裡各次元基本粒子的大小不同，但卻是由相同材料所構成。

由此可知，多次元世界裡各次元的基本粒子，是最終次元的粒子複合體，也就是「單極磁子」的複合體。

物質世界的物質構造

當今科學的最大弱點，就是不知道物質的最終爲何？一般人都以爲夸克類或電子類爲最終粒子，其實不然。在這當中，還有差距更多、更小的超微粒子存在。雖然現代科學已能檢知夸克或電子，但卻無法檢出更小的超微粒子，因此不僅不知構成物質世界的最終粒子是什麼，也不知道有多次元世界存在。

綜合外星人及宇宙智慧所提供的各種情報，可知物質世界的物質構造大致如下：

①空間中有正與負等超微粒子（這就是無窮盡存在於空間中的宇宙能源）。正或負的超微粒子（宇宙能源）作成渦凝集起來，形成原子核或電子製造出物質。

②原子（電子、陽子、中子）不斷地有宇宙能源的超微粒子流進流出，成爲旋轉流動體。

③超微粒子的能源捲成渦狀流入中心，再形成螺旋圓錐形狀流出。此外，當超微粒子的能源流入與流出時，符號會改變。

由以上敘述可知，素粒子是宇宙能源超微粒子不斷流入、流出的旋轉流動體。

電子的構造

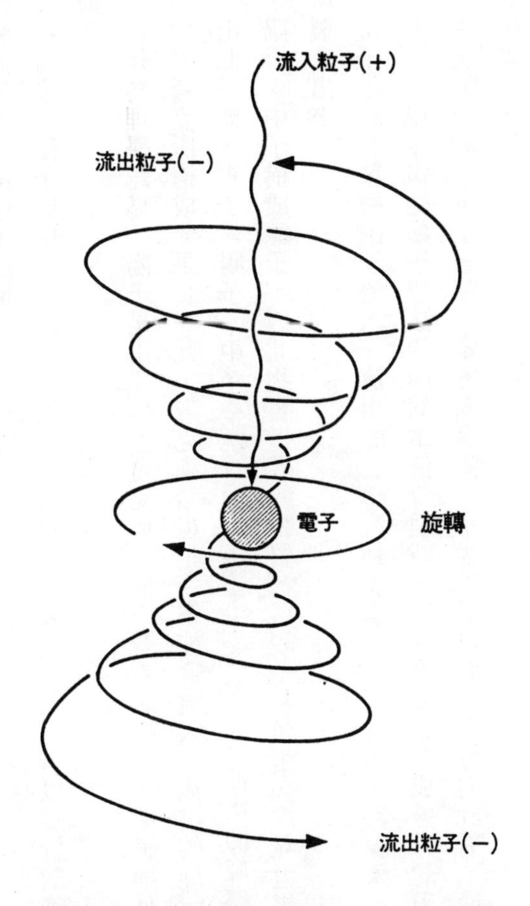

電子是最終粒子單極磁子不斷流入，流出的旋轉流動體。流入時為＋的單極磁子，流出時則成為－的單極磁子

日本精細科學學會會長關英男先生，發明了如前頁圖所示的電子構造模型。這時，電子是有正單極磁子不斷流入，在其於電子内部旋轉後，負單極磁子成螺旋圓錐狀流出的旋轉流動體。陽子與中子的情形也是一樣。

換言之，陽子與中子也是宇宙能源超微粒子捲成渦流入、再以螺旋圓錐狀流出的旋轉流動體。

現代物理學認爲，陽子是由二個上夸克與一個下夸克所構成，中子則是由一個上夸克與二個下夸克所構成。果真如此，夸克應該也是宇宙能源流入、流出的旋轉流動體才對。

由此可知，電子、陽子、中子全都是單極磁子不斷流入、流出的旋轉流動體。而電子、陽子、中子構成原子，因此物質世界的物質，可説全都是由多次元世界的物質單極磁子所製造出來。

電子不斷有單極磁子流入、流出的旋轉流動體構造，可説明各種現象。

例如，現今電磁氣學無法説明的電流流通時，導線周圍會形成磁界的現象，其實是因爲當電流流通時，電子會朝一定方向聚攏，單極磁子也朝一定方向放射，從而形成一定方向的磁界所致。

引力發生的構造

一旦瞭解物質世界裡物質的大致構造後，以往不明所以的引力構造，自然也就豁然開朗了。根據多次元世界的概念，我認爲引力的構造大致如下：

由開發宇宙能源發電機時頻頻提到反重力一詞，可知引力與宇宙能源，也就是多次元世界的超微粒子有密切關係。而從瑜伽的人體空中飄浮及UFO的飛行，可以瞭解到引力是可控制的。

此外，引力與物質的質量成正比，故引力與構成物質的單極磁子有關。

簡言之，引力就是各物質爲奪取單極磁子物質的流入，亦即奪取負單極磁子的力量。單極磁子進出物質時符號會改變，因此並不表示流出粒子立刻就會成爲該物質的流入粒子。再者，引力即使在距離較遠處也能發揮作用。

原子是由原子核和電子所組成，原子的質量幾乎就是原子核（+電荷）的質量。由此可以推知，引力就是「一單極磁子」流入原子核（陽子與中子），也就是奪取原子核「一單極磁子」的力量。

至於流出原子核的+單極磁子，則一部分圍繞著原子核成爲電子的物質源流入電子。

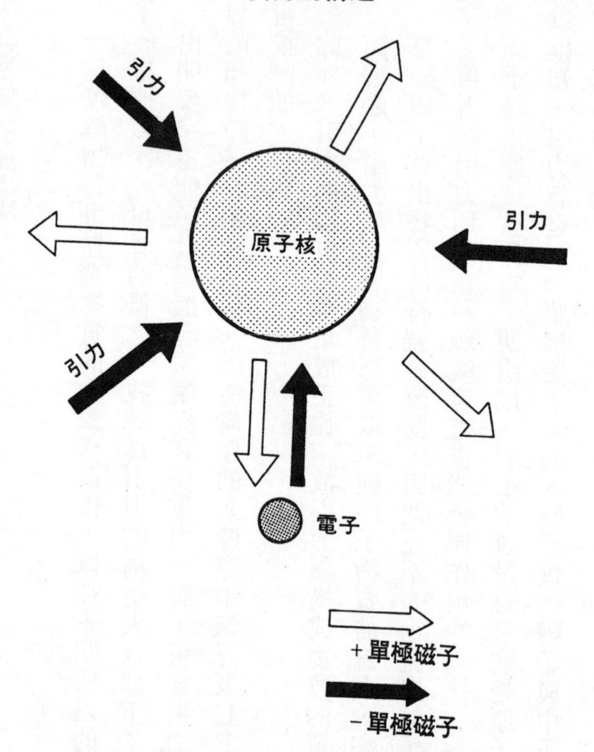

引力是各物質為了奪取－單極磁子而發生的。換言之，當－單極磁子流入各物質的原子核時，便成為引力。

從電子流出的「－單極磁子」，則成爲原子核的物質源流入原子核。由原子核流出的「＋單極磁子」，則回到空間中的單極磁子海。

按照前面的說法，空間中應該只有＋單極磁子才對。由此可見必然存在著某種構造，使「＋單極磁子」恢復爲「－單極磁子」，以保持平衡。

正、負是由於旋轉方向不同所形成

單極磁子包括「＋、－」兩種。由於宇宙的最終粒子爲正、負的成對構造，因此宇宙物質正、負成對存在的情形很多。

這也可以說是宇宙構造的特徵之一。那麼，最終粒子的成對構造是如何產生的呢？

綜合各種情報發現，單極磁子的「＋、－」，依單極磁子本身的旋轉方向不同而不同。舉例來說，如果右旋轉的單極磁子爲「＋單極磁子」，則左旋轉單極磁子即爲「－單極磁子」。

單極磁子在電子旋轉流動體內流入、流出時，符號會改變。簡單地說，就是「＋、－」會改變。如果旋轉方向改變、符號也改變，則旋轉軸反轉時旋轉方向會改變，這是比較簡單的變化。

我們甚至可以說，單極磁子的「＋、－」是因旋轉方向不同而發生的。

電與物質是宇宙能源塊

前面曾經再三提及，在我們周圍的空間中存在著宇宙能源，而這個宇宙能源是多次元世界的超微粒子，也就是各次元的基本粒子。

各次元的基本粒子在各次元的大小不同，同時存在著正、負二種類，因此宇宙能源事實上有很多種類。但是，任何粒子都是單極磁子的複合體。正如先前所說明的，電子是單極磁子流入、流出的旋轉流動體。

因此，從空間蒐集單極磁子或其複合體便成爲電子，亦即從空間中就能取得電。

由此可知，物質能夠形成宇宙能源塊，故而物質就等於能源。

物質世界是靈能源生命體的學校

宇宙是由物質世界與多次元世界所構成，本質世界爲多次元世界。在多次元世界裡，存在著人類靈魂、動物靈、植物靈、礦物靈等靈能源生命體。至於宇宙，則是生命體從礦物靈開始，依照植物靈、動物靈、人類靈魂、高級靈的順序進化而進行的教育系統。

所謂物質世界，就是靈能源生命體進化的教育場所，也就是學校。

多次元世界缺乏變化，不適合作爲教育場所，於是富於變化、能提供各種經驗的物質世界，便由此產生。

靈能源生命體最初寄宿於礦物，接著依序輪迴轉生爲植物、動物，然後再變成人類。

在人類世界歷經多次轉世後，便不再轉世而成爲高級靈，也就是靈人。當然，靈人還會繼續進化。靈能源生命體在物質世界學習什麼呢?學習宇宙的真理「愛」。亦即學習萬物爲一體及愛萬物。一旦能夠加以實踐，靈能源生命體就會依序進化。

每次進化，靈能源生命體的次元都會向上提升。以物理學的觀點來看，構成靈能源生命體的基本粒子會縮小，振動數會增高。

宇宙是巨大的電腦系統

宇宙的大小據說有一五〇億光年，不過這只是人類能夠觀測到的範圍而已，真正的大小應該遠超過這個數字。宇宙十分巨大，其構成具有相似性、階層性，材料則只有單極磁氣粒子，可說非常簡單。

整體來說，宇宙是靈能源生命體的進化系統，而其營運則基於宇宙法則嚴密進行著。

由此可知，宇宙中必然有一個創造宇宙、制定宇宙法則、控制整個宇宙的存在。我們稱之爲宇宙創造者或神。整個宇宙極其龐大，而住在地球上的每一個人，都適用於宇宙法則而營運著。因此，宇宙就好像一部大電腦一樣，人類只不過是連接在這部大電腦通信網終端的終端裝置而已。

光速並不是固定的

如果宇宙是一部大電腦，則情報傳達必須在短時間内完成，否則無法維持整體的正常營運。不過，一秒鐘能跑三〇萬公里的光速，當然無法到達幾百億光年以外的距離。

愛因斯坦認爲光速三〇萬km／秒是固定的，不過正如先前所介紹的，這是根據邁克森和莫里，否定乙太存在的實驗結果而得到的結論。真空並不代表無，相反的，還充滿了宇宙能源，因此愛因斯坦作爲前提的假設，根本就是錯誤的。

因此，宇宙中有超過三〇萬km／秒以上的光速存在，並不足爲奇。畢竟，如果宇宙這部巨大電腦，想從終端獲得情報，使宇宙順利運作，那麼，情報就必須在瞬間傳達才行。否則的話，便無法控制整個宇宙。

第6章
太陽不是很燙的星球

所有行星都是適合生物居住的溫暖星球

目前地球文明之所以陷入瓶頸，原因之一就在於地球人不瞭解太陽系的真相。不，與其說地球人不瞭解，還不如說是不被允許瞭解。當然，這一切全都是「影子世界政府」蓄意隱瞞所致。

所謂的真相，就是火星、金星、海王星等太陽系所有的行星，都和地球一樣有水和空氣，都是適合生物居住，具有溫暖環境的星球。而在月球中也有大氣和水，在月球背面更有進化的外星人建立基地在那兒居住。

筆者希望各位能夠接受我的說明，修正現今天文學所灌輸的一般常識，因爲各行星的環境，與太陽之間並沒有距離關係，大致維持穩定狀況。當然，要讓各位接受這種說法，一定要提出具體的理由才行。

本章將爲各位說明，太陽系的各行星之所以和太陽的距離無關，成爲穩定的溫暖環境，究竟是基於何種構造。

過去，地球人所知道的是：「在太陽系的星球當中，只有地球有生物居住。地球是有水、空氣、環境穩定的星球，而且距離太陽不近不遠、位置適中，因而才有生物居住。」

根據美蘇進行宇宙探勘所發表的資料，人類一直以爲：「接近太陽的水星、金星是灼熱的星球，距離太陽很遠的海王星則是極寒之地；除了地球以外，太陽系的行星上沒有生物。」

因此，除了少數知道真相的人以外，地球人大都相信：「在太陽系的星球當中，只有地球有生物居住。」

如今正是捨棄美蘇宇宙探勘所灌輸給我們的常識的時候了。

美蘇在進行宇宙開發之初，就接獲情報：「太陽系的所有行星都有水和空氣，這些星球和地球一樣，都具有穩定的環境，甚至還住著比地球人更爲進化的外星人。月球也有水和空氣，是適合人類居住的環境，也是進化外星人的基地。在太陽系的行星當中，地球的進化最爲落後。」

事實上，美蘇從事宇宙開發的目的，是要確認外星人所告知的這些情報是否屬實。經實際派遣宇宙探查機前去調查以後，發現事實果真如此，於是刻意封鎖消息。

那是因爲一旦得知真相後，地球人必定會受到莫大的衝擊，屆時，整個社會會陷於混亂當中。萬一地球人也想仿效進化的外星人那樣，創造一個不需要金錢的社會，那麼目前的經濟結構及社會體制都會宣告崩潰。如此一來，掌握世界經濟及政治的「影子世界政府」，不就喪失權力了嗎？

「影子世界政府」唯恐發生前述事態，於是在宇宙開發之初，就命美、蘇兩國要竭盡所能隱瞞太陽系的真相。

有關美蘇隱瞞宇宙探查所得真實情報的情形，已在『一九九×年地球大毀滅』中詳細說明過。而在說明太陽系能源傳達系統之前，我要再次簡單介紹一下月球或火星、金星等的真相。

不為人知的月球真相

◇月球上有大氣存在

月球有大氣存在，由阿波羅十四號的太空人將星條旗插在月球上，而旗子在手未觸及的情況下朝一定方向向上飄揚的衛星畫面，便可獲得證明。另外，我們也可以從電視轉播中，看見阿波羅+－號所帶去的旗幟在風中飄揚的畫面。

除了旗幟的飄揚以外，塵土的落下方式也證明了大氣的存在。如果月球真是真空狀態，那麼往上飄揚的塵土，應該霎時就落下來才對。但是，阿波羅十二號登陸時所揚起的塵土，從飛起到完全落下爲止，卻花了很長的時間。由此可見，月球上有充足的大氣。

在前書『一九九×年地球大毀滅』中，曾經提及月球有大氣存在的證據之一，就是太

在月球表面豎起星條旗的阿波羅十四號的太空人。雖然太空人的手握著旗桿，但是旗的右下部分卻隨風飄揚，由此即可證明月球上也有空氣。

空人曾經表示：「從月球表面也能清楚地看到星星。」其理由是「沒有大氣的宇宙空間，應該是黑暗的世界，完全看不到星星才對。」

但是卻有讀者提出反駁：「最近看了天體望遠衛星『哈布爾』，從大氣稀薄處所傳回來的星星照片，這不證明了宇宙是黑暗的說法是錯誤的嗎？」

我之所以會說：「沒有大氣的宇宙空間，是黑暗的世界，完全看不到星星」，是因爲從事太空船外活動的太空人曾經表示：「在這兒完全看不到星星」。

不料近來卻有其它阿波羅太空人表示：「在宇宙空間中看得到星星。」由此可知，「在宇宙空間中完全看不到星星」的說法並不正確。只不過和在地球上所看到的一樣，星星的光非常微弱而已。

另外還要附帶說明一點，天體望遠衛星「哈布爾」能夠看見地上五十分之一的黑暗星球，因此能夠看到肉眼看不到的星星。

至於有大氣就能看清楚星星，原因在於大氣具有如巨大透鏡的作用，能使星光變得更加明亮，因此在大氣中肉眼能清楚地看見星星。

爲此之故，太空人說從月球上「能夠清楚地看到星星」，就足以證明在月球上有足夠的大氣存在。

◇月球上有水

月球上雖沒有海或湖，但是卻有水存在。

其證據就是，ＮＡＳＡ所發布有關雲的照片中，阿波羅十二號與十四號設置在月球表面的觀測機，長時間觀測到水蒸氣。此外，在阿波羅所帶回來的石頭當中發現了鐵鏽，由此即可證明月球有水存在。

◇月球上有人工構造物

月球是外星人的基地，存在著許多人工構造物，如圓頂狀、尖塔狀的物體等。

此外，最近阿波羅上的太空人也承認，外星人的基地就在月球背面。

美國除了按照阿波羅計劃將人類送往月球以外，也發射了許多月球探查機，拍攝了超

根據美國月球軌道飛船Ｖ號所拍攝到的月球表面照片，由康諾建一加以放大的照片〔A〕

NASA所發布的放大照片。出現在上圖中的a白色眉狀物體與b雪橇狀物體，已經不復可見。

過十萬張有關月球表面的照片，其中當然也包括高解像度的照片在內。但真正公開發表的只有五千張左右，而且幾乎都是解像度較低或修正過的照片。

從月球表面的高解像度照片上，可以清楚地看見外星人的人工構造物或UFO的存在，因此當然不可能公開發表。

儘管如此，日本的康諾健一先生，還是從NASA所發表的少數照片當中，發現了在月球上有人工構造物和UFO存在。康諾先生將NASA拿到的高解像度照片放大，復而證明了人工構造物及UFO的存在。

另外，比較NASA所發布的相同地點的照片，也證明了物體的出現或消失。

前頁圖照片A、B是月球軌道飛船V號在同一場所所拍攝到的照片，將兩組照片加以比較。

在此要特別說明的是，照片B是NASA所公開發布的照片，照片A則是拍攝相同場所的另一張照片，由康諾先生加以放大而成的。

在照片A中，顯現出白色的眉狀物體（箭頭a）及雪橇狀的物體（箭頭b）。但是到了照片B，眉狀物體已經消失，雪橇狀的物體也修正爲如同自然的造形。

據推測，眉狀物體可能是巨大的UFO、雪橇狀的物體則可能是人工構造物。看似並未發現這些物體存在的NASA，是在修改過放大照片後才將其公諸於世的。

火星所隱藏的事實

ＮＡＳＡ所發表有關火星的資料是：「大氣爲四～七毫巴，幾乎都是二氧化碳。只有水結成冰存在而已。」但這些都是不實的情報。其證據如下：

◇火星具有充足的大氣

從火星傳回地球的首張照片顯示，火星的天空是藍色，由此即可證明火星擁有濃度與地球相同的大氣（ＮＡＳＡ也注意到這一點，於是將其修正爲粉紅色的天空）。

關於火星具有足夠的大氣，只要看火星探查機使用降落傘登陸火星，就可以瞭解了。當氣壓只有數毫巴時，降落傘根本不可能張開。換言之，用降落傘著陸需要相當多的大氣。

風沙的存在也證明火星具有足夠的大氣。因爲，僅僅四～七毫巴的大氣，是不可能掀起風沙的。

◇火星上有水

火星上有很多運河有照片爲證，不過這批照片並未公開發表。

在火星上，有會產生季節變化的冠狀地帶。根據ＮＡＳＡ所公布的資料，這是結凍的

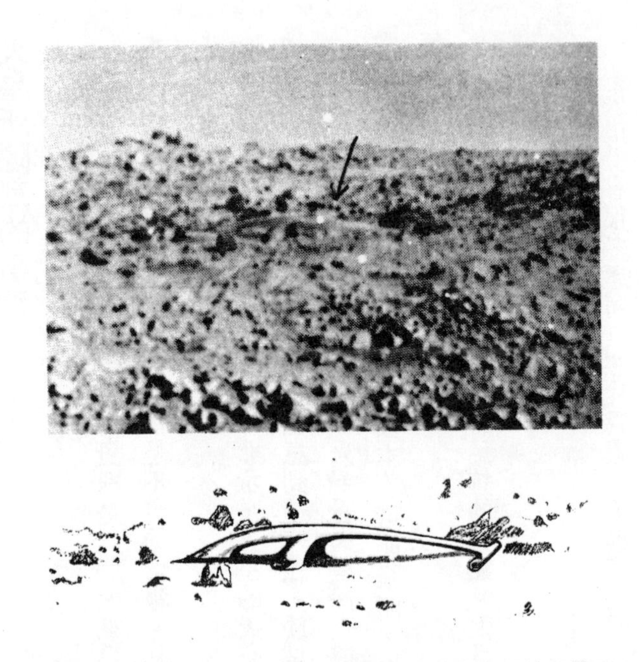

海盜一號於一九六七年七月二十四日，登陸火星後所傳回來的照片。在照片中出現橋狀的人工構造物。

二氧化碳，亦即所謂的乾冰，但事實上卻是如假包換的冰。如果不是冰，爲什麼溶化後冠狀地帶的地面是黑的呢？以乾冰來說，溶化後應該成爲氣體而非液體，因此地面不應該是黑的。

而火星有厚雲層存在，也顯示出水的存在。

◇火星上有生物

海盜一號曾載著三種生物反應實驗裝置登陸火星，進行生物反應實驗，並將資料傳回地球。結果，三個實驗都顯現出生物反應，從而證明火星上有生物存在。然而，ＮＡＳＡ卻堅決否認這個事實。

◇有人工構造物

火星上有縱二・六公里、橫二・三公里，呈人像的人工構造物（人面岩）。此外，還發現有比地球金字塔大上一〇倍的金字塔及都市等人工構造物。

再者，在月球的南極點附近，也發現了人面岩。

從海盜一號於一九六七年七月二十四日登陸後所傳回來的照片（請參照前頁），可以清楚看見一橋狀物體。我認爲這就是火星上的人工構造物。但不知何故，後來的照片再也没有出現類似的物體。

金星的真實概況

目前所知有關金星的資料是：「大氣爲二氧化碳、地表的氣壓爲九〇、雲幾乎都是由硫酸所形成、地表溫度高達攝氏四七〇度。因爲氣溫太高，故水在大氣中只有微量的高溫水蒸氣存在而已。」當然，這些資料全都出自僞造。

◇金星不可能是高溫高壓的星球

以往美蘇曾派遣數艘探查機登陸金星，並成功地將所得的資料傳回地球。如果金星溫度真的高達攝氏四七〇度，那麼探查機的電腦ＩＣ應該無法發揮作用才對，怎麼可能在登陸後還拍攝照片傳回地球呢？事實上，俄國甚至還發表了一批登陸金星後，所拍攝到的金星表面的照片呢！在下頁圖的照片中，可以看到探查機的一部分。如果真有攝氏四七〇度的高溫，又怎麼可能拍到這些照片呢？

由這張照片即可證明，金星表面的溫度接近攝氏五〇〇度的說法，乃是出自僞造。

關於氣壓爲九〇的說法也很奇怪。金星的大小和地球大致相同，引力也不相上下，因此大氣也應該等質才對。和地球的大氣質量相比，在攝氏四七〇度的高溫下，氣壓爲九〇的說法未免太過荒誕。

金星的大氣並非置於密閉容器中，過多時會自然流入宇宙空間中，形成引力相應的大氣量。由這點來看，氣壓九〇這個數字根本不合邏輯。

事實的真相是，金星的表面溫度和大氣壓力，幾乎與地球相同。

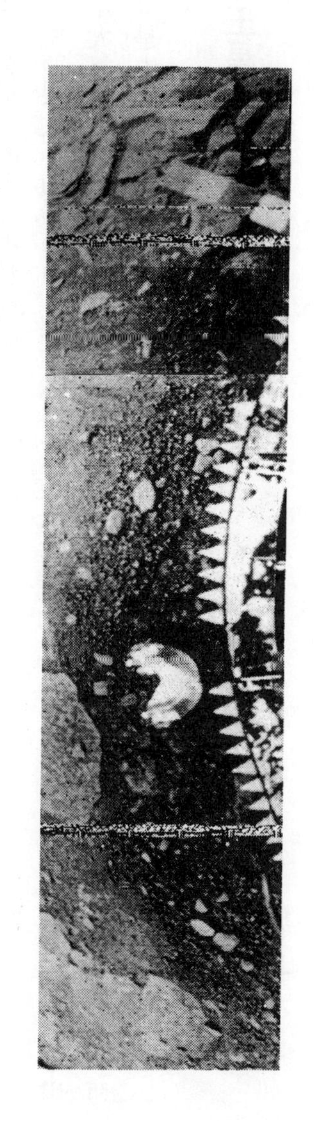

一九八二年三月一日，俄國貝尼拉十三號登陸金星後傳回來的金星表面照片。由貝尼拉十三號傳送照片回地球一事，即可證明金星表面的溫度不可能高達五〇〇度（照片中還拍到了探查機的一部分）。

◇沒有硫酸雲、有足夠的水

所謂「金星的雲幾乎都是由硫酸所形成」，也是不實的資料。雖然金星隨時爲厚重雲層所覆蓋，但如果真是硫酸雲，穿過雲層登陸金星的探查機的金屬面，應該會被腐蝕才對。而從登陸後所傳回的照片來看，探查機的金屬面依然具有光澤，並未遭到腐蝕。由此可見，金星上的雲並不是硫酸雲。

密西根大學的湯馬斯・德納休博士，對維納斯二號所傳回來的資料進行分析，結果由金星大氣中的重氫比例發現，金星上有大量海水，亦即有海存在。金星具有足夠的水，而雲也是由水形成的。

海王星並非極寒的星球

由美國發射到太空的行星偵察機航海者二號，在歷經十二年的航行後，於一九八九年八月二十五日成功地接近海王星，並從四十五億公里的距離外拍攝海王星的照片，以及將其資料傳回地球。

NASA所公布有關海王星的資料如下：

「表面溫度爲攝氏零下二二三度。由氫、氦和少量的沼氣所包圍，氣壓爲二，最大風速一八〇公尺，沼氣結凍所形成的雲高速繞行。在南半球部分，出現大小如地球般的大黑斑。這是在地球上看得見的颶風。此外，從海王星表面也觀測到複數的極光和磁氣。」

由航海者所傳回來的海王星照片，可以看到明亮的光芒。

問題是，NASA所公布的資料有自相矛盾之處，從海王星可觀測到磁氣和極光這一點來看，星球的磁氣是由地殼內部的岩漿與星球的自轉所形成，因此海王星內部的岩漿活動必然十分旺盛。

另外，巨大颶風的存在，顯示出表面有大量能源在移動。

至於可看到明亮光芒的照片，則意味著太陽能充分到達此地，因此應該是有足夠的大氣存在。

根據上述理由，我認爲「海王星應該不是攝氏零下二二三度的極寒星球」。

雖然海王星距離太陽很遠，但是卻和地球一樣有大氣和水，是具有穩定環境、適合生物居住的星球。

天王星並非發燙的星球

美國於一九七七年送上太空的航海者二號，在接近海王星的三年半前，就接近天王星，並將其資料傳回地球。

天王星距地球二十九億公里，相當於地球距離太陽的二十倍，是非常遙遠的行星。爲此之故，到達天王星的太陽光，大約只有地球的四百分之一而已。所以一般人都認爲，它和海王星一樣，都是極寒之星。

我不僅這麼想，而且還相信NASA所發表、由航海者二號所傳回來的有關天王星的資料，應該也和我們所認爲的一樣。不料，NASA卻發表報告指稱天王星是「溫度比金星還高的星球」。

以下就是NASA對天王星的描述：

「天王星的大氣上層幾乎都是氫，高度達數千公里，另外還有少量的氦，並摻雜著炭氫化合物。當其高度愈低，沼氣便愈多。在極地大氣溫度方面，照到太陽的部分爲攝氏四八〇度、相反側爲攝氏七三〇度。至於爲什麼相反側較高，目前還不得而知。此外，也觀測到磁氣和極光。天王星一次自轉需時十六・八小時，大氣層吹著速度極快的風。」

這個結果和我們所想的完全相反。由先前有關其它星球的敘述可知，所謂天王星是溫度極高星球的說法絕非事實。事實上，天王星雖然距離太陽很遠，可是和地球一樣，具有適量的大氣和水，是具有溫暖環境的星球。

綜合以上所述，接近太陽的金星應該不是灼熱的星球、距離太陽很遠的海王星並非極寒之星，而天王星也不是高熱的星球。與和太陽之間的距離無關，金星、火星、天王星和地球一樣，都是具有溫暖環境、適合生物居住的星球。

太陽是冷星

太陽系的行星或衛星，和我們過去所想像的並不一樣。更令人感到驚訝的是，太陽並不是一般人所認爲會發熱的星球。

許多進化的外星人一再告訴我們：「太陽並非地球人所想的超高溫星球。」著名天文學家哈協爾也主張：「太陽應該是冰冷的天體」。如果太陽會發燙，那麼當接近太陽時，溫度應該會上升才對，但事實卻不然。從地面升上上空時，亮度會愈來愈暗，溫度也會愈來愈低。

窮畢生之力於調查一萬二千年前陷落在太平洋中的大陸的英國人詹姆斯·邱吉瓦德，在其著作中曾經提及：

「在『聖靈感書』天地創造章中，有以下的叙述：

『太陽光與大氣中地球的熱相遇而產生生命，給地球上帶來溫暖。』

其中並沒有任何一句話提及太陽是非常熱的。相反地，是包括太陽光線在內的力量，藉其親和力引出地球的熱力，使地表溫暖。」

由此可見，早在古老時代的人類，就知道太陽不是會發燙的星球。諷刺的是，關於這些宇宙情報，現代人卻知之甚少。

另外，進化的外星人也告訴我們以下的事實。

透過和外星人的接觸，巴西的戴諾・克拉斯塔敦得到下述的情報。

「熱能源雖來自太陽，卻是以高周波的形式傳來，然後變爲熱波。變換工作在行星大氣中進行……像發電機是冷的，但所產生的電流卻會引起高溫。因此，太陽內部並沒有數百萬度的熱，且光度與熱無關。」

當問及萬一在世界各地爆發原子彈戰爭，會發生什麼情形時，其回答是：

「行星的穩定是由大氣層所形成。一旦原子彈爆炸使大氣層產生變化，光就會停止發生，從而對太陽光度造成影響。屆時大氣層將會喪失防護太陽放射光的作用，使得太陽變黑。這時各位將會發現，光速爲三〇萬km/秒的理論是錯誤的。每秒達數百萬公里的紫外線能源，會遍灑在地球上。

另一方面，强烈的太陽能源完全没有光，只有淡淡的紅光接近地表。人類會因恐懼的寒冷而煩惱，會因化學線的幅射而致肉體如碰到發燙的鐵絲般燃燒起來。」

根據外星人的說法，當地球大氣消失時，太陽會變成紅黑色，不會產生熱。以往，很多人都認爲太陽是因氫、氦所造成的核融合而產生超高溫，但現在既已證明太陽並非發熱的星球，則其核融合應該是低溫引起才對。

最近，有人發現了常溫核融合。根據物理理論，核融合必須在超高溫下才會發生，這也是現代科學的基本常識。然而，美國的福萊休曼．旁茲博士和義大利的瓊斯博士等研究團體，卻分別提出在普通溫度下也能產生核融合的研究報告。

有關在常溫下也能引起核融合，是在進行重氫電解時，發生過剩能源與中子而發現的。後來有很多科學家進行追加試驗，結果證實在常溫下的確會引起核融合。

另外，生物會在體內進行元素轉換，也就是核反應的事實，已經被發現了。此一發現，給予在常溫下會引起核融合的理論相當有力的支持。

法國生物科學家凱布朗進行一項嚴格的實驗，結果發現雞等體內，會出現鉀變爲鈣、鈣變爲鎂、鈉變爲鉀等元素變換現象。日本的小牧久時博士得知凱布朗的研究成果後，乃使用二十九種微生物進行嚴格實驗，更進一步證明了會產生鈉變爲鉀等元素變換。

總之，太陽絕非以往所想的超高溫星球。

太陽能源有一半以上尚未解明

其次來探討太陽能源傳達系統。在此之前，我要先說明近二十年來始終無法解明、有關太陽能源發生構造的問題。

藉著測定到達地球的太陽能源量，可以反過來計算太陽能源的發生量。那麼，由此所計算出來的龐大太陽能源，究竟是從何而來的呢？科學家們鍥而不捨地尋求問題的解答。

結果發現，太陽能源似乎是由氫熱核融合反應所釋放出來的。爲了確認起見，乃根據此一反應製作中微子這種素粒子進行觀測。

中微子沒有電荷、也幾乎沒有質量，是能夠貫通地球的素粒子。爲免受到其它粒子影響，只能在數千公尺的地下進行觀測。在此之前，包括日本神岡礦山的地下在內，世界各地所觀測到的中微子數量，都在模型計算的二分之一以下。

換句話說，觀測結果得到了引起核融合的證據，而核融合的規模爲計算值的一半以下，因而無法說明太陽所發生的熱佔一半以上。這就是所謂的「太陽中微子問題」。

要言之，太陽發生能源的一半以上，無法以現今的熱核融合反應來說明。這也正意味著，實際在太陽發生的反應，並非地球科學家所認爲的超高溫熱核融合反應。

太陽系的能源傳達系統

根據先前所提的有力證據，證明距離太陽較近的金星或距離太陽較遠的海王星，都和地球一樣，是具有溫暖環境的星球。那麼，太陽究竟是以何種構造，不論遠近將能源送到太陽系內的各行星中呢？

我認爲，這和多次元世界的宇宙能源有關。

綜合各種情報可以得知，宇宙能源以二種不同的形態傳達到各行星去。

一種是共振電磁場之間的宇宙能源傳達。所謂共振電磁場，正如第一章所說明的，是各天體大致形成球狀的能源場，主要由地球科學家尚未察覺到的宇宙能源所構成。

包括地球在內的行星，各自擁有球狀的共振電磁場，而其衛星也擁有共振電磁場。太陽，包括太陽系整體在內，具有大型球狀共振電磁場。太陽系整體繞著其它太陽的周圍轉，而其它太陽也包括其太陽系在內，擁有大型共振電磁場。至於銀河系，則包括整個銀河在內擁有共振電磁場。由此可見，宇宙具有類似的階層性構造。

共振電磁場是在共振電磁場之間，進行能源吸取。而能源則是由高處往低處移動。

以太陽系來說，是由包圍整個太陽系的太陽共振電磁場，將宇宙能源傳達到各行星的

太陽系的共振電磁場

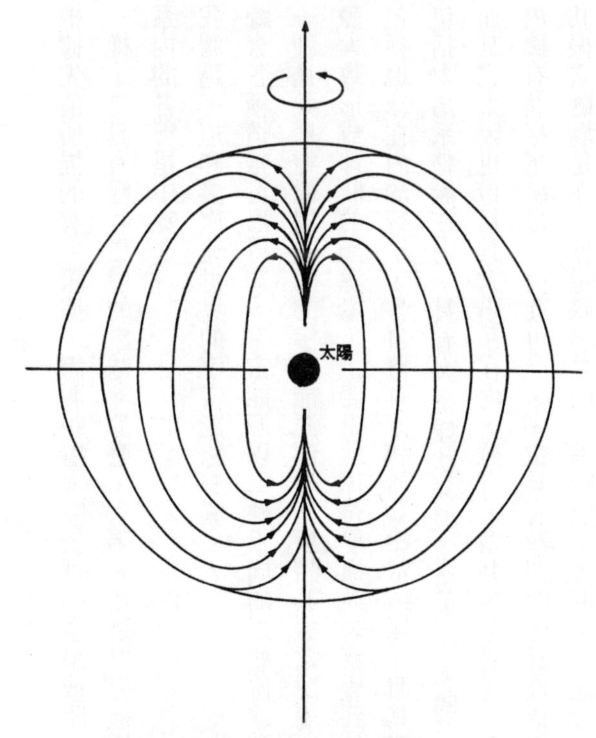

包圍整個太陽系的共振電磁場

共振電磁場去。

各行星會沿著各行星的旋轉軸來吸取能源。據推測，宇宙能源可能就此成爲各行星內部岩漿的能源。

另外一種是由太陽直接送往各行星的宇宙能源。當其進入各行星的大氣、與從各行星內部出來的宇宙能源相遇後，便成爲光和熱的能源。

根據美國卡拉格拉博士的說法，地球上的光與熱，並非直接來自太陽。他的老師尼爾博士對從宇宙高次元所聽到的情報，有以下的敘述：

「正力線（高周波數的音波）來自太陽，與來自地球大氣及地殼的負力線交叉，產生光和熱。光和熱的强度，與太陽的距離無關，而與來自太陽的正力線和來自地球的負力線之間的交叉角有關。其結果是，赤道附近的太陽較强、極地附近較弱。」

這個情報告訴我們，科學家無法掌握的能源線，是從太陽傳送出來的。當其與科學家無法掌握的由大氣或地殼所傳送出來的能源線發生衝突時，便產生了光與熱。

此外，宇宙能源和光的電磁波一樣，與距離的二次方成正比，永遠不會衰減。

前面說過，太陽的核融合，只能說明太陽放射能源的一半以下。至於剩下的能源，則是由整個太陽系所環繞、太陽製造的共振電磁場，利用共振電磁場之間的共振使太陽接受能源。此外，一半的核融合能源，並非如目前所認爲是超高溫的，由常溫核融合即可證明

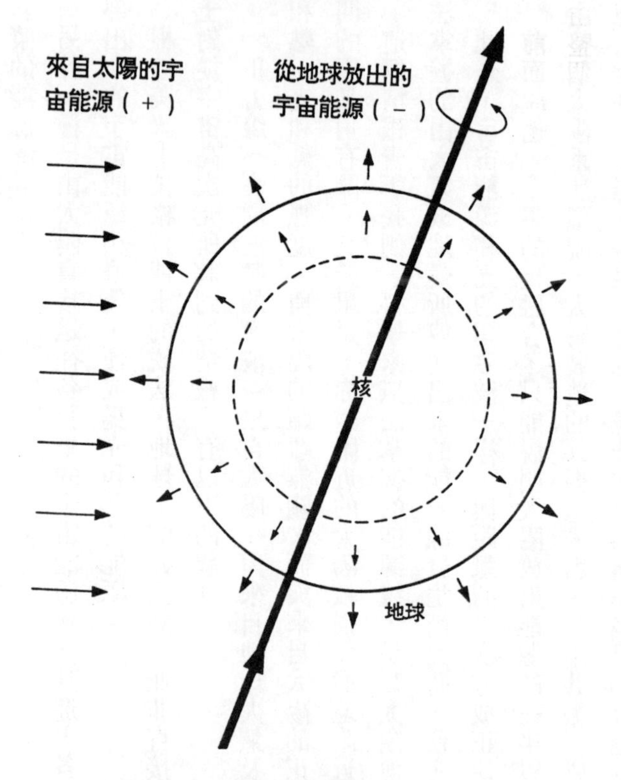

從太陽直接送來的宇宙能源（＋），
與從地球放出的宇宙能源（－）
碰在一起，便發出光與熱。

它是在低溫狀態下產生的。

核融合在常溫下即可產生，與宇宙能源有關。

當今世界各地所進化的常溫核融合實驗，並不具有再現性。不過根據我的推斷，如果進行與宇宙能源有關的實驗，應該會有良好的再現性。總之，各天體之間就是利用目前科學家還未察覺的共振電磁場之間的能源移動方法，進行大型能源的供取。

宇宙絕對不會膨脹

雖然和太陽系真相沒有直接關係，但是我認爲現在一般人所相信有關宇宙膨脹的說法並不正確。

目前，一般人都相信，整個宇宙正以驚人的速度在膨脹著。而其根據，只不過是星星的光譜赤方偏移而已。

所謂赤方偏移，是美國天文學家哈布爾調查星星的光譜，發現較遠星球的光譜赤方會出現偏差，因而衍生的理論。哈布爾認爲，這是由於光的多普勒效果所引起，而且較遠星球的赤方偏移較大、距離地球也較遠。

但是，這是根據宇宙爲真空的假設所作成的解釋。前面說過，宇宙空間並不是真空，相反地充滿了各種宇宙能源的超微粒子。一旦宇宙空間中充滿了宇宙能源的超微粒子，星光到達地球的速度就會減慢。光速減慢時，光譜當然會引起赤方偏移，因此較遠星球赤方偏移較大，乃是理所當然之事。

由此可知，將哈布爾的赤方偏移當作宇宙膨脹的證據，根本就是錯誤的。如果宇宙會膨脹，那麼根據宇宙具有相似的階層性這一點來看，地球與太陽之間或原子核與電子之間的距離，應該會擴張才對，但實際上並未發現這種現象。基於以上理由，我認爲宇宙根本不會膨脹。

宇宙和人類也具有相似性，事實上，據說人類就是一個小宇宙。人類必須不斷呼吸才能生存，因此，宇宙和人類一樣呼吸的可能性極強。換言之，宇宙並不是膨脹，而是進行呼吸。

總之，綜合外星人所提供的情報來判斷，太陽系的真相，和以往我們所知道的完全不同。

第7章
解析超常現象的構造

超常現象可用宇宙構造來說明

在這世界上，存在著許多無法用科學來解釋的超常現象。例如幽體脫離、類似死亡體驗、自動書記、心電感應、預知、後知、透視、彎曲湯匙、念力、空中飄浮、心靈治療等。這些都是與多次元世界，也就是宇宙能源存在的世界有關的現象。

進化的外星人說：「宇宙並不存在超常現象。地球人所認爲的超常現象，完全是因爲他們不瞭解宇宙和物質構造而產生的想法。」簡單地說，地球人的科學極端落後。

爲了讓各位瞭解現代科學落後的程度，以下將介紹現代科學無法解釋的種種超常現象的構造。

◇宇宙的構造

前面曾經一再强調，宇宙是物質世界和多次元世界重疊構成的。其具體内容如下：

宇宙＝多次元世界（主）＋物質世界（從）
多次元世界……………宇宙本質世界

超微粒子的世界
依粒子大小區分出許多次元
靈能源生命體存在的世界
人類靈魂或創造主存在
記載宇宙過去・未來記錄的存在
宇宙能源的存在
物質世界……非宇宙本質世界
粗粒子世界
只有一個世界

◇人類的構造

人類，是物質世界的肉體與多次元世界的靈魂（靈體）組合而成的。

靈魂爲乙太體、亞斯特拉爾體（Astral）、精神體、克札爾體（Causal）重疊的構造。構成這四個體的基本粒子，大小（次元）並不相同。

靈魂的個體，有稱爲查克拉的七個中樞體，與速結查克拉經絡的能源流通回路。

總之，靈魂是將宇宙能源當成能源來源而生存。

◇守護靈與守護神

人類的本體爲靈魂，但以指導本人爲目的守護靈一直跟在身邊，終其一生給予保護。一般來說，守護靈就是比自己更早數代、靈格較高的祖先靈。

靈格較高的人不僅是守護靈，同時也能守護其它靈格較高的靈，這時稱之爲守護神。

◇浮遊靈與地縛靈

人死後不知自己已死而無法前往靈界，一直在靈界徘徊者，稱爲浮遊靈。至於因爲對土地太過依戀，死後不肯前往靈界而在這片土地上徘徊者，稱爲地縛靈。

一旦依附在人類身上，將會引起很多不好的事情。

◇動物靈・植物靈

動物和植物也有靈能源生命體存在，不過其次元較人類靈魂低。

◇物質的構造

物質世界的物質，是由多次元世界的單極磁氣粒子所構成。物質是宇宙能源塊（集合體）。

物質＝多次元世界的單極磁氣粒子的集合體

念力作用於中子

超常現象之一的「念力」，是利用强烈意念移動物體的現象。念力的原理，是在意念强烈時，來自於頭的超微粒子的磁氣粒子（宇宙能源）就會釋放出來，作用於物體使物體移動。經由科學研究發現，念力能源會作用於物質中的中子。美國超心理學家、公爵大學的萊因教授，以統計手法從事證明念力（PK）和ESP的研究。在經過近一〇萬次骰子轉動實驗後，發現念力會作用於物質的中子。

這是拿獎學金來到萊因教授研究室進行研究的瑞典電氣技術人員哈根・福瓦德，從一九四九年起花了約十年時間所得到的成果。前面説過，中子是構成原子的素粒子之一。

實驗方法是丢骰子（立方體），然後將念力作用於其上，其裝置如下頁圖所示。將骰子排在V字形的溝，第一排爲水平。掌按鈕時，開放機械傾斜，立方體會在斜面轉動，然後落在A、B兩個不同領域的平面板上，並停止在其中的某一處。由於中央拉起一條鋼琴線，因此不會落在A、B中間。

換言之，每一次均將六個骰子放在V字形的溝中，在按鈕時會傾斜約六〇度，而骰子會落在A或B的任何一方。

滾動骰子的實驗裝置

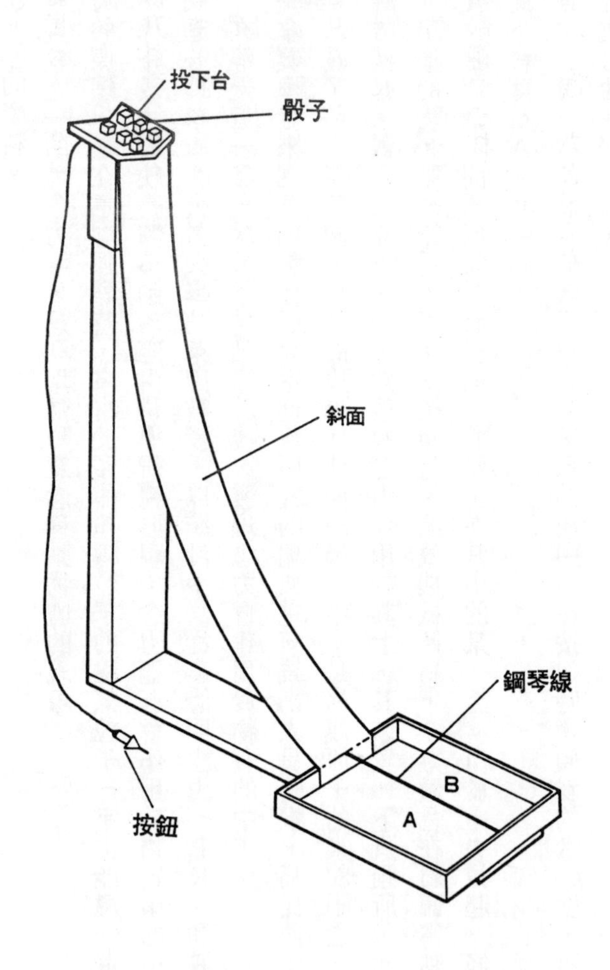

實驗者必須集中精神。如果想要讓立方體落在A領域中，便一邊使用念力、一邊投下五次，從而獲得6×5＝30的資料。其次，實驗者再以相同方式使立方體落在B領域，同樣取得6×5＝30的資料。

結果顯示，立方體的確一如念力所想，落在固定的領域中。但如果沒有念力的影響，猜中的機率只有二分之一而已。而使用念力進行多次實驗後證明，猜中機率已由原來的二分之一提升爲百分之百，由此可知念力充分發揮了作用。

此一結果使福瓦德產生自信，於是繼續進行研究。後來爲了瞭解作用的能源，乃對落下地點的距離展開調查。首先調查的，是立方體面對物體的滑動是否會造成影響，結果發現答案是否定的。

其次，調查立方體表面厚度不同的金屬薄層物質，會不會造成影響。這裡所使用的金屬，包括鋁、銀、銅、鉛。當然，福瓦德將所得的實驗結果，從各個不同的角度進行檢討。另一方面，他也調查念力與金屬的價電子數是否有關，結果證明兩者之間並無關連。

再對影響原子核的陽子數（Z）、中子數（N）、總核子數（Z＋N）加以檢討，結果發現中子數的理論曲線與實驗值非常吻合。這便證明了，念力會作用於物質中的中子。

就物理學觀點來看，福瓦德有關念力會作用於物質的中子這項發現，真可說是一大創舉。

由這項研究我們又發現了以下的事實：

①念是一種能源。

②念能源會作用於物質中的中子。

從啓動念力開始，就會有多元世界的超微粒子、也就是宇宙能源，由頭部朝四面八方放射，其中有一部分能源作用於骰子。

這證明了想念就是波動（超微粒子）。有關念力不僅作用於物質，甚至能作用於物質原子中的中子這個發現，具有重大意義，因爲它很可能就是解開超常現象構造之謎的關鍵。

心電感應的原理

所謂心電感應，是指不必藉助言語，就能將想法傳達給對方知道的現象，也稱爲「精神感應」。

進化的外星人超能力極爲發達，主要是以心電感應方式與人交談。據信，在二十一世紀新生的地球上，地球人也能用心電感應與人交談。

心電感應的原理與念力相同，當心中產生强烈的想念時，想念就會成爲超微粒子的能源，從頭向四面八方放射出去。超能力者只要掌握超微粒子的能源，自然就能瞭解對方的想法。

超微粒子具有波的性質，故也可視爲一種波動。因此，當以心電感應接受對方的想法時，一般會將其描述成「與對方的波長吻合」。

念寫的原理

所謂念寫，是指光用精神力，就使心中所想的事情感光在未感光的底片上。

說到念寫，早在俄國拍攝到月球表面的二十八年前，就已經有個叫三田光一的人念寫到月球背面。

三田光一是一位超能力者，於一九三三年公開以「月球背面」爲題進行念寫。當時留下的照片至今依然保存著，而且經過驗證，確認與實際照片幾乎完全相同。

念寫的原理與心電感應相同，當心中產生想念時，由頭部發出的超微粒子的宇宙（磁氣）能源，就會感光在感光板上。不過，像三田光一這種念寫自己所不知道的事物，例如月球背面的情形，應該是有守護靈從旁協助才能辦到。

三田光一

三田光一所念寫的月球背面

預知與後知

另一種超能力的代表，就是能知道未來的預知及知道過去的後知。

關於預知和後知，都留下了許多記載，只要查閱資料便可得知詳情。當然，在多次元世界裡也有類似的記錄。而有關個人過去的記錄，也記載在人類的靈魂中。

宇宙記錄的內容，是將從宇宙開闢以來，到現在爲止過去的記錄及預計的未來發展，以波動方式加以記載。其中有關未來的記錄，通常即意味著未來大致已經決定。不過，雖然未來是以過去的行爲爲因，基於宇宙法則而決定，但是只要努力，未來仍有改變的餘地。

人所以能預知、預言，就是因爲能夠得知多次元世界的宇宙記錄，而這種能力並不是任何人都有的。能夠得知的人，不外是能進行瞑想。具有幽體脱離能力的超能力者、進化的外星人或高次元世界的靈人。事實上，預言者多半是從看過宇宙記錄的進化外星人或靈人那兒，透過靈視、靈聽、靈夢等方式間接獲得未來情報。

宇宙記錄所記錄的過去事情，除了行爲以外，還包括説過的話、想過的事。由連想念也記錄下來這一點來看，可知想念就是超微粒子的能源。

意念移動物體的原理

所謂意念移動物體，就是藉由想念於瞬間將人或物體移往遠處。

超能力者具有意念移動物體的能力。例如因彎曲湯匙和念寫而出的超能力者清田益章，從小學起，就因進行意念移動物體而成爲風雲人物。上學快遲到了，他會以意念移動物體的方式趕到學校，因而從來没有遲到的記錄。此外，西藏或印度等瑜伽聖者，也具有意念移動物體的能力。

意念移動物體的移動對象，包括人類和物體。有關利用意念移動巨大物體的例子，首推「菲拉迪爾菲亞實驗事件」。這是美國海軍在第二世界大戰期間，一九四三年十月，於菲拉迪爾菲亞海軍工廠所進行的實驗。

此一秘密實驗的目的，是要讓軍艦透明化。所根據的是愛因斯坦的統一場理論，給予軍艦最强的磁場而使其變成透明。由於磁力會將光或雷達波吸收掉，因此，可以使軍艦暫時透明化。

這天，一九〇〇噸的驅逐艦艾爾德里吉號上，載有威力强大的磁場發生裝置，以及數十名船員。

在進行强力磁場發生實驗不久後，海面逐漸升起的綠光，慢慢地包圍住艾爾德里吉號。突然，艾爾德里吉號從觀測者的眼前消失了蹤影。

與此同時，艾爾德里吉號上一片混亂。原來在組員當中，居然有人變成完全透明了。稍後，組員更發現艾爾德里吉號，正停泊在距離菲拉迪爾菲亞五〇〇公里的諾福克港。

數分鐘後，軍艦再次為綠光所包圍。在接下來的瞬間，艾爾德里吉號和組員們再度變成透明化，然後又回到了原告所在的菲拉迪爾菲亞海軍工廠。

這次實驗留下了悲慘的後遺症，那就是後來有許多組員都發瘋了。因為，他們已經變成透明人，再也變不回來了。此一結果令海軍當局大為震撼，為免消息走漏，乃下令有關人等三緘其口，使其成為永遠的秘密。

有很多證據證明海軍的確做過這項實驗。因此，一九〇〇噸驅逐艦，藉由意念移動物體的方式移到五〇〇公里外一事，乃是不爭的事實。

那麼，意念移動物體的原理是什麼呢?以下所要介紹的，是因與外星人接觸而著名，住在日本札幌的中野先生所提供的情報。

一九七七年中野先生二十歲，曾多次目擊ＵＦＯ，並見到一位叫做拉妙的金星人及所乘坐的ＵＦＯ。後來，中野發現自己也具有超能力，能夠藉著意念移動物體。

根據目擊中野表演意念移動物體的人士表示，中野整個人從腳開始消失，慢慢地腰部也看不見了，接著周圍發紅，然後就整個人消失了。

根據中野自己的說法，進行意念移動物體時，他覺得自己似乎變成一團紅色的火球不斷移動，然後成爲物質化。

由中野所提供的情報可以知道，意念移動物體的原理，並非直接移動物體或人，而是先將物質分解爲多次元世界的超微粒子，然後再恢復原狀。各位只要想想以三次元方式進行的電傳或傳真，就不難瞭解了。至於分離前的情報如何記錄、如何再現，則不得而知。

物質→宇宙能源（超微粒子）→物質

在菲拉迪爾菲亞實驗事件中，由於整個驅逐艦都爲强力磁場所包圍，因此，說意念移動物體是因驅逐艦產生共振電磁場，或利用UFO飛行原理而產生，也不是不可能的。

空中飄浮的原理

所謂空中飄浮，是指身體飄浮在空中，是累積修行的瑜伽聖者等才具有的能力。

人在空中飄浮與UFO的飛行原理相同。換言之，人類藉著瑜伽進行修行時，只要從外部吸取宇宙能源，就能使靈魂體的能源回路不斷旋轉。

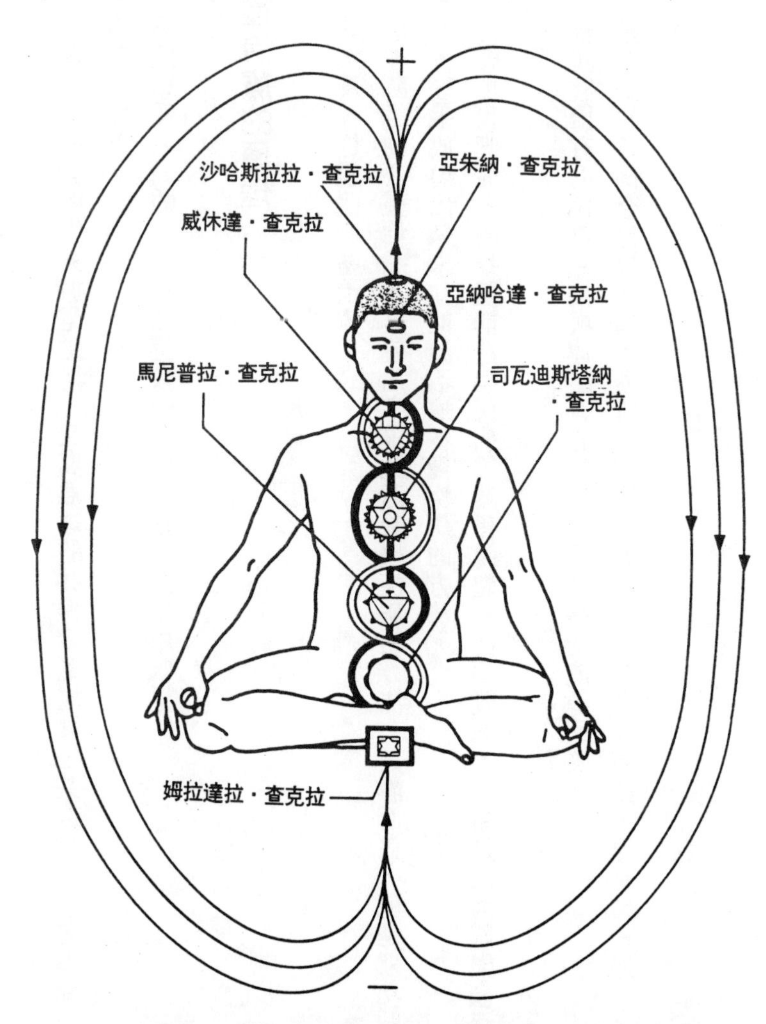

人類靈魂有七個查克拉與連結查克拉的經絡。將宇宙能源吸入查克拉，使其循環於經絡形成共振電磁場。當與地球的共振電磁場共振時，人體就會飄浮起來。

當在自己周圍產生共振電磁場，又與地球的共振電磁場發生共振時，就會形成反重力使身體向上飄浮。

與此原理不同的，是在守護靈的幫助下產生的空中飄浮。

心靈治療的原理

其次爲各位說明心靈治療。

這裡所說的心靈治療，是使用宇宙能源治療疾病的方法。具體而言，就是氣功師父或超能力者經手放射出來未知能源治療各種疾病的方法。

首先，我們從人的身體構造與疾病的關係說起。前面說過，人類是由肉體與靈魂組合而成的。

靈魂體擁有七個查克拉與連結查克拉，稱爲經絡的能源回路。

靈魂體的各個查克拉一如次表所示，與肉體的神經組織或內分泌腺密切相連，進而控制健康。

查克拉	位置	內分泌腺	神經組織
沙哈斯拉拉查克拉	頭頂	松果腺	腦的樹狀突起
亞朱納查克拉	眉間	腦下垂體	延髓
威休達查克拉	咽喉	甲狀腺	咽頭叢
亞納哈達查克拉	胸部中央	胸腺	心臟叢
馬尼普拉查克拉	肚臍	副腎	太陽叢
司瓦迪斯塔納查克拉	下腹部	脾臟	脾臟叢
姆拉達拉查克拉	脊柱基底部	性腺	骶骨叢

疾病大多由於靈魂體的能源回路，亦即經絡阻塞，能源無法在經絡間順利流通而引起的。至於導致能源回路阻塞的原因，據說來自於靈障

所謂靈障，就是浮遊靈、地縛靈、動物靈等依附而阻塞經絡的意思。經絡一旦阻塞，就無法有效地控制查克拉，因此與肉體有關的部分就會出現疾病。

當依附靈與被依附者的波長相近時，容易引起依附現象。爲免被引發疾病、水準較低

的靈依附，必須經常過著高精神性的生活方式。

像癌症和精神病，幾乎都是靈障所引起的。這時只要去除原因，就能治癒疾病。要想去除原因，則必須去除依附靈使其成佛，也就是要除靈、淨靈。

除靈、淨靈的方法，就是將宇宙能源注入靈魂體。第二章所介紹用宇宙能源照射身體，或飲用照射過宇宙能源的水即可治癒疾病，便是基於這個原理。

宇宙能源不僅能治療有病之人，對健康的人也能發揮良好效果。健康良好的平常人，除了可增進健康、不容易生病外，還會因查克拉開發而致氣大增，有可能成爲超能力者。

自動書記的原理

所謂自動書記，正如先前所說明的，和當事人的意志無關，自動畫畫或寫字的現象。不過，這也可能是依附靈透過媒體（被依附者）傳達意志所引起的。能夠引起自動書記的靈，一般而言水準較高，因此這個依附靈應該也是多次元世界的生命體。有關高級靈附身，進入神祟狀態後對人類提出警告或預告的話題，經常聽說。另一方面，自動書記有時乃是出自進化的外星人之手。

藉著與外星人接觸而擁有自動書記的體驗、接收各種訊息的例子，過去就有好幾個。

總之，外星人可以利用遠隔操作的方式來驅動接觸者。

物質化現象的原理

對印度聖人沙恰・塞・巴巴（一九二六年～）而言，治療重症患者可謂輕而易舉。在他手下，甚至有過死而復活的例子。更教人感到不可思議的是，他能夠從空間中取得許多物質，也就是所謂的物質化現象。

截至目前爲止，塞・巴巴從無變有的東西，包括鑽石、金戒指、念珠、錢、食物等，數量高達數百萬個。

大多數的人都不相信會有這種事情，但是曾經親眼目睹的印度高官或科學家，卻證實只要塞・巴巴發揮能力，就會產生物質化現象。

根據情報顯示，進化的外星人也具有這種能力。

對於物質化現象，可將其視爲以周圍空間中的宇宙能源爲材料使其物質化。因爲，物質世界的物質，就是宇宙能源的集合體。

以上爲各位說明了各種超常現象的構造。當然，目前所能瞭解的，只不過是超常現象的大致情形而已，或許未來在瞭解宇宙構造、物質構造及人類構造以後，就能完全解開超常現象之謎吧！

由於進化的外星人已經完全瞭解宇宙、物質的構造，因此他們都具有各種超能力。相較之下，地球人的科學實在太過落後。

地球人之所以會有超常現象的想法，是因爲他們並不瞭解宇宙和物質構造，也不知道有人類靈魂存在所致。一旦知道以後，他們將會發現超常現象根本就不存在。因爲，地球人心目中的超常現象，其實都是自然現象。

結語　改變地球文明

二十一世紀會是什麼樣的社會呢？

世紀末的大毀滅，是建造二十一世紀樂園世界之前的準備作業。因此，如果地球人能夠早一步實現預定的二十一世紀社會，自然就能避開世紀末的大毀滅。

那麼，二十一世紀所預定的宇宙文明社會，究竟是什麼樣的社會呢？

◇文明的基礎

物質文明與精神文明互相調和的理想文明。

◇生存的基礎

瞭解宇宙是由物質世界和多次元世界組成的構造、知道有宇宙真理及宇宙法則存在，並加以遵守的生活方式。愛自然、與萬物調和、給予他人愛、充滿利他愛的生活方式。

◇社會的結構

是一個人人平等的社會。想要的東西都可以得到、沒有貨幣經濟、沒有戰爭和犯罪，而且能夠加入宇宙聯合的行列。

◇能源

可利用在周圍空間中無窮盡存在的宇宙能源。

◇交通工具

開發出利用宇宙能源的飛行物，用來代替目前使用的汽車、飛機等交通工具。

◇宇宙旅行

知道如何製造宇宙旅行用的母船，充分享受宇宙旅行之樂。

◇科學

以往僅以物質世界爲對象，而今則將研究對象擴展到多次元世界，對宇宙構造和物質構造進行綜合性的研究。

◇宗教

由於社會已經變成現時宗教理想中的社會，因此現在的宗教已不復存在。

如果說二十一世紀還有宗教存在，那麼將會是研究宇宙真理與宇宙法則、研究最終次元神存在的多次元世界的宗教，其方向與二十一世紀科學的前進之路相同。到了最後，科學與宗教將會統合起來。

◇超能力

既是靈格較高的人類團體，當然具有超能力。談話也能以心電感應的方式進行。

◇**疾病與壽命**

没有疾病。即使罹患疾病，也能利用宇宙能源輕易地治好。因此，壽命會大幅延伸。此外還知道靈魂的輪迴轉世，故不畏懼死亡。

◇**勞動**

機器人極爲發達，只需花一點點時間去勞動即可。

◇**農業**

採用不使用農藥的無農藥栽培方式。

改變地球文明

爲了避免世紀末大毀滅，地球文明必須從現在開始，努力改變爲二十一世紀預定的宇宙文明。那麼，具體而言應該怎麼做才好呢？

一、意識改革

首先，地球人必須進行意識改革。

所謂的意識改革，包括：

・瞭解宇宙除了物質世界以外，還有多次元世界存在，多次元世界才是本質世界。
・宇宙中存在著宇宙真理和宇宙法則，必須遵守才能生存。
・人類是肉體與靈魂重疊構成的，靈魂是本質的存在。靈魂會輪迴轉世。
・在我們周圍的空間中，蘊含著無窮盡的宇宙能源。
・在太陽系的其它行星上，住著人類的同伴，進化的外星人。在太陽系當中，地球人最爲落後。

除了知道以外，還要將這些知識推廣到世界各地。

二、開發宇宙能源利用技術

其次要做的，是開發利用無窮盡存在於周圍空間中的宇宙能源的技術。具體方法如下：

・宇宙能源的研究
・宇宙能源發電機的開發
・宇宙能源檢出器的開發
・宇宙能源蓄積器的開發
・反重力裝置的開發

三、修復地球環境

地球本身也是一個生命體。將在世紀末發生的地球大毀滅，是受到污染、破壞的地球，爲了再生而產生的自我治癒反應。

換句話說，只要地球人能夠迅速修復以往遭到污染、破壞的地球，就可避免地球大毀滅。日後所必須做的，是防止環境破壞和環境污染，迅速修復地球環境。

四、改變科學

地球文明之所以落後，原因在於科學落後。因此，要想改革地球文明，就必須從改革科學做起。科學的研究對象不該僅限於物質世界，而應擴及多次元世界。此外，還要給予市民研究不斷進步的精細科學（多次元世界科學）的權利。

科學家必須改變觀念，率先從事科學改革，藉以帶動整個社會。

多次元世界科學是肉眼看不到的世界的研究，是幾乎沒有檢出方法，也沒有絕對再現性的科學。

因此，科學家一開始就必須對它有充分的認識，並將頭腦放軟進行改革。

五、建立並實踐社會改革的綜合計劃

正如先前所言，二十一世紀理想社會與現實社會之間，存在著一道鴻溝。因此，爲免在宇宙文明社會實現之際，社會和經濟發生紊亂，一定要擬定周詳的綜合計劃，並按部就班地加以實踐。

今後若能實施以上對策，應該就能避免預定在世紀末發生的地球大毀滅的命運。換言之，不需要經過地球大毀滅這一關，人類一樣能自然實現預期中的偉大宇宙文明世界！

大展出版社有限公司 圖書目錄

地址：台北市北投區11204 致遠一路二段12巷1號
電話：(02) 8236031 8236033
郵撥： 0166955～1
傳眞：(02) 8272069

• 法律專欄連載 • 電腦編號 58

台大法學院 法律學系／策劃 法律服務社／編著

①別讓您的權利睡著了1	200元
②別讓您的權利睡著了2	200元

• 秘傳占卜系列 • 電腦編號 14

①手相術	淺野八郎著	150元
②人相術	淺野八郎著	150元
③西洋占星術	淺野八郎著	150元
④中國神奇占卜	淺野八郎著	150元
⑤夢判斷	淺野八郎著	150元
⑥前世、來世占卜	淺野八郎著	150元
⑦法國式血型學	淺野八郎著	150元
⑧靈感、符咒學	淺野八郎著	150元
⑨紙牌占卜學	淺野八郎著	150元
⑩ＥＳＰ超能力占卜	淺野八郎著	150元
⑪猶太數的秘術	淺野八郎著	150元
⑫新心理測驗	淺野八郎著	160元

• 趣味心理講座 • 電腦編號 15

①性格測驗１	探索男與女	淺野八郎著	140元
②性格測驗２	透視人心奧秘	淺野八郎著	140元
③性格測驗３	發現陌生的自己	淺野八郎著	140元
④性格測驗４	發現你的真面目	淺野八郎著	140元
⑤性格測驗５	讓你們吃驚	淺野八郎著	140元
⑥性格測驗６	洞穿心理盲點	淺野八郎著	140元
⑦性格測驗７	探索對方心理	淺野八郎著	140元
⑧性格測驗８	由吃認識自己	淺野八郎著	140元
⑨性格測驗９	戀愛知多少	淺野八郎著	140元

⑩性格測驗10　由裝扮瞭解人心	淺野八郎著	140元
⑪性格測驗11　敲開內心玄機	淺野八郎著	140元
⑫性格測驗12　透視你的未來	淺野八郎著	140元
⑬血型與你的一生	淺野八郎著	140元
⑭趣味推理遊戲	淺野八郎著	160元
⑮行爲語言解析	淺野八郎著	160元

・婦幼天地・電腦編號 16

①八萬人減肥成果	黃靜香譯	180元
②三分鐘減肥體操	楊鴻儒譯	150元
③窈窕淑女美髮秘訣	柯素娥譯	130元
④使妳更迷人	成　玉譯	130元
⑤女性的更年期	官舒妍編譯	160元
⑥胎內育兒法	李玉瓊編譯	150元
⑦早產兒袋鼠式護理	唐岱蘭譯	200元
⑧初次懷孕與生產	婦幼天地編譯組	180元
⑨初次育兒12個月	婦幼天地編譯組	180元
⑩斷乳食與幼兒食	婦幼天地編譯組	180元
⑪培養幼兒能力與性向	婦幼天地編譯組	180元
⑫培養幼兒創造力的玩具與遊戲	婦幼天地編譯組	180元
⑬幼兒的症狀與疾病	婦幼天地編譯組	180元
⑭腿部苗條健美法	婦幼天地編譯組	150元
⑮女性腰痛別忽視	婦幼天地編譯組	150元
⑯舒展身心體操術	李玉瓊編譯	130元
⑰三分鐘臉部體操	趙薇妮著	160元
⑱生動的笑容表情術	趙薇妮著	160元
⑲心曠神怡減肥法	川津祐介著	130元
⑳內衣使妳更美麗	陳玄茹譯	130元
㉑瑜伽美姿美容	黃靜香編著	150元
㉒高雅女性裝扮學	陳珮玲譯	180元
㉓蠶糞肌膚美顏法	坂梨秀子著	160元
㉔認識妳的身體	李玉瓊譯	160元
㉕產後恢復苗條體態	居理安・芙萊喬著	200元
㉖正確護髮美容法	山崎伊久江著	180元
㉗安琪拉美姿養生學	安琪拉蘭斯博瑞著	180元
㉘女體性醫學剖析	增田豐著	220元
㉙懷孕與生產剖析	岡部綾子著	180元
㉚斷奶後的健康育兒	東城百合子著	220元

・青 春 天 地・電腦編號 17

①A血型與星座	柯素娥編譯	120元
②B血型與星座	柯素娥編譯	120元
③O血型與星座	柯素娥編譯	120元
④AB血型與星座	柯素娥編譯	120元
⑤青春期性教室	呂貴嵐編譯	130元
⑥事半功倍讀書法	王毅希編譯	150元
⑦難解數學破題	宋釗宜編譯	130元
⑧速算解題技巧	宋釗宜編譯	130元
⑨小論文寫作秘訣	林顯茂編譯	120元
⑪中學生野外遊戲	熊谷康編著	120元
⑫恐怖極短篇	柯素娥編譯	130元
⑬恐怖夜話	小毛驢編譯	130元
⑭恐怖幽默短篇	小毛驢編譯	120元
⑮黑色幽默短篇	小毛驢編譯	120元
⑯靈異怪談	小毛驢編譯	130元
⑰錯覺遊戲	小毛驢編譯	130元
⑱整人遊戲	小毛驢編著	150元
⑲有趣的超常識	柯素娥編譯	130元
⑳哦！原來如此	林慶旺編譯	130元
㉑趣味競賽100種	劉名揚編譯	120元
㉒數學謎題入門	宋釗宜編譯	150元
㉓數學謎題解析	宋釗宜編譯	150元
㉔透視男女心理	林慶旺編譯	120元
㉕少女情懷的自白	李桂蘭編譯	120元
㉖由兄弟姊妹看命運	李玉瓊編譯	130元
㉗趣味的科學魔術	林慶旺編譯	150元
㉘趣味的心理實驗室	李燕玲編譯	150元
㉙愛與性心理測驗	小毛驢編譯	130元
㉚刑案推理解謎	小毛驢編譯	130元
㉛偵探常識推理	小毛驢編譯	130元
㉜偵探常識解謎	小毛驢編譯	130元
㉝偵探推理遊戲	小毛驢編譯	130元
㉞趣味的超魔術	廖玉山編著	150元
㉟趣味的珍奇發明	柯素娥編著	150元
㊱登山用具與技巧	陳瑞菊編著	150元

・健 康 天 地・電腦編號 18

①壓力的預防與治療	柯素娥編譯	130元
②超科學氣的魔力	柯素娥編譯	130元
③尿療法治病的神奇	中尾良一著	130元
④鐵證如山的尿療法奇蹟	廖玉山譯	120元
⑤一日斷食健康法	葉慈容編譯	120元
⑥胃部強健法	陳炳崑譯	120元
⑦癌症早期檢查法	廖松濤譯	160元
⑧老人痴呆症防止法	柯素娥編譯	130元
⑨松葉汁健康飲料	陳麗芬編譯	130元
⑩揉肚臍健康法	永井秋夫著	150元
⑪過勞死、猝死的預防	卓秀貞編譯	130元
⑫高血壓治療與飲食	藤山順豐著	150元
⑬老人看護指南	柯素娥編譯	150元
⑭美容外科淺談	楊啟宏著	150元
⑮美容外科新境界	楊啟宏著	150元
⑯鹽是天然的醫生	西英司郎著	140元
⑰年輕十歲不是夢	梁瑞麟譯	200元
⑱茶料理治百病	桑野和民著	180元
⑲綠茶治病寶典	桑野和民著	150元
⑳杜仲茶養顏減肥法	西田博著	150元
㉑蜂膠驚人療效	瀨長良三郎著	150元
㉒蜂膠治百病	瀨長良三郎著	180元
㉓醫藥與生活	鄭炳全著	180元
㉔鈣長生寶典	落合敏著	180元
㉕大蒜長生寶典	木下繁太郎著	160元
㉖居家自我健康檢查	石川恭三著	160元
㉗永恒的健康人生	李秀鈴譯	200元
㉘大豆卵磷脂長生寶典	劉雪卿譯	150元
㉙芳香療法	梁艾琳譯	160元
㉚醋長生寶典	柯素娥譯	180元
㉛從星座透視健康	席拉・吉蒂斯著	180元
㉜愉悅自在保健學	野本二士夫著	160元
㉝裸睡健康法	丸山淳士等著	160元
㉞糖尿病預防與治療	藤田順豐著	180元
㉟維他命長生寶典	菅原明子著	180元
㊱維他命C新效果	鐘文訓編	150元
㊲手、腳病理按摩	堤芳郎著	160元
㊳AIDS瞭解與預防	彼得塔歇爾著	180元
㊴甲殼質殼聚糖健康法	沈永嘉譯	160元
㊵神經痛預防與治療	木下眞男著	160元
㊶室內身體鍛鍊法	陳炳崑編著	160元

㊷吃出健康藥膳	劉大器編著	180元
㊸自我指壓術	蘇燕謀編著	160元
㊹紅蘿蔔汁斷食療法	李玉瓊編著	150元
㊺洗心術健康秘法	竺翠萍編譯	170元
㊻枇杷葉健康療法	柯素娥編譯	180元
㊼抗衰血癒	楊啟宏著	180元

•實用女性學講座• 電腦編號 19

①解讀女性內心世界	島田一男著	150元
②塑造成熟的女性	島田一男著	150元
③女性整體裝扮學	黃靜香編著	180元
④女性應對禮儀	黃靜香編著	180元

•校園系列• 電腦編號 20

①讀書集中術	多湖輝著	150元
②應考的訣竅	多湖輝著	150元
③輕鬆讀書贏得聯考	多湖輝著	150元
④讀書記憶秘訣	多湖輝著	150元
⑤視力恢復！超速讀術	江錦雲譯	180元

•實用心理學講座• 電腦編號 21

①拆穿欺騙伎倆	多湖輝著	140元
②創造好構想	多湖輝著	140元
③面對面心理術	多湖輝著	160元
④偽裝心理術	多湖輝著	140元
⑤透視人性弱點	多湖輝著	140元
⑥自我表現術	多湖輝著	150元
⑦不可思議的人性心理	多湖輝著	150元
⑧催眠術入門	多湖輝著	150元
⑨責罵部屬的藝術	多湖輝著	150元
⑩精神力	多湖輝著	150元
⑪厚黑說服術	多湖輝著	150元
⑫集中力	多湖輝著	150元
⑬構想力	多湖輝著	150元
⑭深層心理術	多湖輝著	160元
⑮深層語言術	多湖輝著	160元
⑯深層說服術	多湖輝著	180元
⑰掌握潛在心理	多湖輝著	160元

⑱洞悉心理陷阱　多湖輝著　180元

・超現實心理講座・電腦編號22

①超意識覺醒法　詹蔚芬編譯　130元
②護摩秘法與人生　劉名揚編譯　130元
③秘法！超級仙術入門　陸　明譯　150元
④給地球人的訊息　柯素娥編著　150元
⑤密教的神通力　劉名揚編著　130元
⑥神秘奇妙的世界　平川陽一著　180元
⑦地球文明的超革命　吳秋嬌譯　200元
⑧力量石的秘密　吳秋嬌譯　180元
⑨超能力的靈異世界　馬小莉譯　200元

・養生保健・電腦編號23

①醫療養生氣功　黃孝寬著　250元
②中國氣功圖譜　余功保著　230元
③少林醫療氣功精粹　井玉蘭著　250元
④龍形實用氣功　吳大才等著　220元
⑤魚戲增視強身氣功　宮　嬰著　220元
⑥嚴新氣功　前新培金著　250元
⑦道家玄牝氣功　張　章著　200元
⑧仙家秘傳袪病功　李遠國著　160元
⑨少林十大健身功　秦慶豐著　180元
⑩中國自控氣功　張明武著　250元
⑪醫療防癌氣功　黃孝寬著　250元
⑫醫療強身氣功　黃孝寬著　250元
⑬醫療點穴氣功　黃孝寬著　220元
⑭中國八卦如意功　趙維漢著　180元
⑮正宗馬禮堂養氣功　馬禮堂著　420元

・社會人智囊・電腦編號24

①糾紛談判術　清水增三著　160元
②創造關鍵術　淺野八郎著　150元
③觀人術　淺野八郎著　180元
④應急詭辯術　廖英迪編著　160元
⑤天才家學習術　木原武一著　160元
⑥猫型狗式鑑人術　淺野八郎著　180元
⑦逆轉運掌握術　淺野八郎著　180元

⑧人際圓融術	澀谷昌三著	160元
⑨解讀人心術	淺野八郎著	180元
⑩與上司水乳交融術	秋元隆司著	180元

・精 選 系 列・電腦編號 25

①毛澤東與鄧小平	渡邊利夫等著	280元
②中國大崩裂	江戶介雄著	180元
③台灣・亞洲奇蹟	上村幸治著	220元
④7-ELEVEN高盈收策略	國友隆一著	180元
⑤台灣獨立	森　詠著	200元
⑥迷失中國的末路	江戶雄介著	220元
⑦2000年5月全世界毀滅	紫藤甲子男著	180元

・運 動 遊 戲・電腦編號 26

①雙人運動	李玉瓊譯	160元
②愉快的跳繩運動	廖玉山譯	180元
③運動會項目精選	王佑京譯	150元
④肋木運動	廖玉山譯	150元
⑤測力運動	王佑宗譯	150元

・銀髮族智慧學・電腦編號 28

①銀髮六十樂逍遙	多湖輝著	170元
②人生六十反年輕	多湖輝著	170元

・心 靈 雅 集・電腦編號 00

①禪言佛語看人生	松濤弘道著	180元
②禪密教的奧秘	葉逯謙譯	120元
③觀音大法力	田口日勝著	120元
④觀音法力的大功德	田口日勝著	120元
⑤達摩禪106智慧	劉華亭編譯	150元
⑥有趣的佛教研究	葉逯謙編譯	120元
⑦夢的開運法	蕭京凌譯	130元
⑧禪學智慧	柯素娥編譯	130元
⑨女性佛教入門	許俐萍譯	110元
⑩佛像小百科	心靈雅集編譯組	130元
⑪佛教小百科趣談	心靈雅集編譯組	120元
⑫佛教小百科漫談	心靈雅集編譯組	150元

⑬佛教知識小百科	心靈雅集編譯組	150元
⑭佛學名言智慧	松濤弘道著	220元
⑮釋迦名言智慧	松濤弘道著	220元
⑯活人禪	平田精耕著	120元
⑰坐禪入門	柯素娥編譯	120元
⑱現代禪悟	柯素娥編譯	130元
⑲道元禪師語錄	心靈雅集編譯組	130元
⑳佛學經典指南	心靈雅集編譯組	130元
㉑何謂「生」　阿含經	心靈雅集編譯組	150元
㉒一切皆空　般若心經	心靈雅集編譯組	150元
㉓超越迷惘　法句經	心靈雅集編譯組	130元
㉔開拓宇宙觀　華嚴經	心靈雅集編譯組	130元
㉕真實之道　法華經	心靈雅集編譯組	130元
㉖自由自在　涅槃經	心靈雅集編譯組	130元
㉗沈默的教示　維摩經	心靈雅集編譯組	150元
㉘開通心眼　佛語佛戒	心靈雅集編譯組	130元
㉙揭秘寶庫　密教經典	心靈雅集編譯組	130元
㉚坐禪與養生	廖松濤譯	110元
㉛釋尊十戒	柯素娥編譯	120元
㉜佛法與神通	劉欣如編著	120元
㉝悟（正法眼藏的世界）	柯素娥編譯	120元
㉞只管打坐	劉欣如編著	120元
㉟喬答摩・佛陀傳	劉欣如編著	120元
㊱唐玄奘留學記	劉欣如編著	120元
㊲佛教的人生觀	劉欣如編譯	110元
㊳無門關（上卷）	心靈雅集編譯組	150元
㊴無門關（下卷）	心靈雅集編譯組	150元
㊵業的思想	劉欣如編著	130元
㊶佛法難學嗎	劉欣如著	140元
㊷佛法實用嗎	劉欣如著	140元
㊸佛法殊勝嗎	劉欣如著	140元
㊹因果報應法則	李常傳編	140元
㊺佛教醫學的奧秘	劉欣如編著	150元
㊻紅塵絕唱	海　若著	130元
㊼佛教生活風情	洪丕謨、姜玉珍著	220元
㊽行住坐臥有佛法	劉欣如著	160元
㊾起心動念是佛法	劉欣如著	160元
㊿四字禪語	曹洞宗青年會	200元
51妙法蓮華經	劉欣如編著	160元

(52)根本佛教與大乘佛教　葉作森編　元

・經營管理・電腦編號01

◎創新經營管理六十六大計（精）	蔡弘文編	780元
①如何獲取生意情報	蘇燕謀譯	110元
②經濟常識問答	蘇燕謀譯	130元
③股票致富68秘訣	簡文祥譯	200元
④台灣商戰風雲錄	陳中雄著	120元
⑤推銷大王秘錄	原一平著	180元
⑥新創意・賺大錢	王家成譯	90元
⑦工廠管理新手法	琪　輝著	120元
⑧奇蹟推銷術	蘇燕謀譯	100元
⑨經營參謀	柯順隆譯	120元
⑩美國實業24小時	柯順隆譯	80元
⑪撼動人心的推銷法	原一平著	150元
⑫高竿經營法	蔡弘文編	120元
⑬如何掌握顧客	柯順隆譯	150元
⑭一等一賺錢策略	蔡弘文編	120元
⑯成功經營妙方	鐘文訓著	120元
⑰一流的管理	蔡弘文編	150元
⑱外國人看中韓經濟	劉華亭譯	150元
⑲企業不良幹部群相	琪輝編著	120元
⑳突破商場人際學	林振輝編著	90元
㉑無中生有術	琪輝編著	140元
㉒如何使女人打開錢包	林振輝編著	100元
㉓操縱上司術	邑井操著	90元
㉔小公司經營策略	王嘉誠著	160元
㉕成功的會議技巧	鐘文訓編譯	100元
㉖新時代老闆學	黃柏松編著	100元
㉗如何創造商場智囊團	林振輝編譯	150元
㉘十分鐘推銷術	林振輝編譯	180元
㉙五分鐘育才	黃柏松編譯	100元
㉚成功商場戰術	陸明編譯	100元
㉛商場談話技巧	劉華亭編譯	120元
㉜企業帝王學	鐘文訓譯	90元
㉝自我經濟學	廖松濤編譯	100元
㉞一流的經營	陶田生編著	120元
㉟女性職員管理術	王昭國編譯	120元
㊱ＩＢＭ的人事管理	鐘文訓編譯	150元
㊲現代電腦常識	王昭國編譯	150元

㊳電腦管理的危機	鐘文訓編譯	120元
㊴如何發揮廣告效果	王昭國編譯	150元
㊵最新管理技巧	王昭國編譯	150元
㊶一流推銷術	廖松濤編譯	150元
㊷包裝與促銷技巧	王昭國編譯	130元
㊸企業王國指揮塔	松下幸之助著	120元
㊹企業精銳兵團	松下幸之助著	120元
㊺企業人事管理	松下幸之助著	100元
㊻華僑經商致富術	廖松濤編譯	130元
㊼豐田式銷售技巧	廖松濤編譯	180元
㊽如何掌握銷售技巧	王昭國編著	130元
㊿洞燭機先的經營	鐘文訓編譯	150元
52新世紀的服務業	鐘文訓編譯	100元
53成功的領導者	廖松濤編譯	120元
54女推銷員成功術	李玉瓊編譯	130元
55ＩＢＭ人才培育術	鐘文訓編譯	100元
56企業人自我突破法	黃琪輝編著	150元
58財富開發術	蔡弘文編著	130元
59成功的店舖設計	鐘文訓編著	150元
61企管回春法	蔡弘文編著	130元
62小企業經營指南	鐘文訓編譯	100元
63商場致勝名言	鐘文訓編譯	150元
64迎接商業新時代	廖松濤編譯	100元
66新手股票投資入門	何朝乾　編	180元
67上揚股與下跌股	何朝乾編譯	180元
68股票速成學	何朝乾編譯	180元
69理財與股票投資策略	黃俊豪編著	180元
70黃金投資策略	黃俊豪編著	180元
71厚黑管理學	廖松濤編譯	180元
72股市致勝格言	呂梅莎編譯	180元
73透視西武集團	林谷燁編譯	150元
76巡迴行銷術	陳蒼杰譯	150元
77推銷的魔術	王嘉誠譯	120元
7860秒指導部屬	周蓮芬編譯	150元
79精銳女推銷員特訓	李玉瓊編譯	130元
80企劃、提案、報告圖表的技巧	鄭　汶　譯	180元
81海外不動產投資	許達守編譯	150元
82八百件的世界策略	李玉瓊譯	150元
83服務業品質管理	吳宜芬譯	180元
84零庫存銷售	黃東謙編譯	150元
85三分鐘推銷管理	劉名揚編譯	150元

㊇推銷大王奮鬥史	原一平著	150元
㊈豐田汽車的生產管理	林谷燁編譯	150元

・成功寶庫・電腦編號02

①上班族交際術	江森滋著	100元
②拍馬屁訣竅	廖玉山編譯	110元
④聽話的藝術	歐陽輝編譯	110元
⑨求職轉業成功術	陳 義編著	110元
⑩上班族禮儀	廖玉山編著	120元
⑪接近心理學	李玉瓊編著	100元
⑫創造自信的新人生	廖松濤編著	120元
⑭上班族如何出人頭地	廖松濤編著	100元
⑮神奇瞬間瞑想法	廖松濤編譯	100元
⑯人生成功之鑰	楊意苓編著	150元
⑲給企業人的諍言	鐘文訓編著	120元
⑳企業家自律訓練法	陳 義編譯	100元
㉑上班族妖怪學	廖松濤編著	100元
㉒猶太人縱橫世界的奇蹟	孟佑政編著	110元
㉓訪問推銷術	黃靜香編著	130元
㉕你是上班族中強者	嚴思圖編著	100元
㉖向失敗挑戰	黃靜香編著	100元
㉙機智應對術	李玉瓊編著	130元
㉚成功頓悟100則	蕭京凌編譯	130元
㉛掌握好運100則	蕭京凌編譯	110元
㉜知性幽默	李玉瓊編譯	130元
㉝熟記對方絕招	黃靜香編譯	100元
㉞男性成功秘訣	陳蒼杰編譯	130元
㊱業務員成功秘方	李玉瓊編著	120元
㊲察言觀色的技巧	劉華亭編著	130元
㊳一流領導力	施義彥編譯	120元
㊴一流說服力	李玉瓊編著	130元
㊵30秒鐘推銷術	廖松濤編譯	150元
㊶猶太成功商法	周蓮芬編譯	120元
㊷尖端時代行銷策略	陳蒼杰編著	100元
㊸顧客管理學	廖松濤編著	100元
㊹如何使對方說Yes	程 羲編著	150元
㊺如何提高工作效率	劉華亭編著	150元
㊼上班族口才學	楊鴻儒譯	120元
㊽上班族新鮮人須知	程 羲編著	120元
㊾如何左右逢源	程 羲編著	130元

㊿語言的心理戰	多湖輝著	130元
51扣人心弦演說術	劉名揚編著	120元
53如何增進記憶力、集中力	廖松濤譯	130元
55性惡企業管理學	陳蒼杰譯	130元
56自我啟發200招	楊鴻儒編著	150元
57做個傑出女職員	劉名揚編著	130元
58靈活的集團營運術	楊鴻儒編著	120元
60個案研究活用法	楊鴻儒編著	130元
61企業教育訓練遊戲	楊鴻儒編著	120元
62管理者的智慧	程　義編譯	130元
63做個佼佼管理者	馬筱莉編譯	130元
64智慧型說話技巧	沈永嘉編譯	130元
66活用佛學於經營	松濤弘道著	150元
67活用禪學於企業	柯素娥編譯	130元
68詭辯的智慧	沈永嘉編譯	150元
69幽默詭辯術	廖玉山編譯	150元
70拿破崙智慧箴言	柯素娥編譯	130元
71自我培育・超越	蕭京凌編譯	150元
74時間即一切	沈永嘉編譯	130元
75自我脫胎換骨	柯素娥譯	150元
76贏在起跑點—人才培育鐵則	楊鴻儒編譯	150元
77做一枚活棋	李玉瓊編譯	130元
78面試成功戰略	柯素娥編譯	130元
79自我介紹與社交禮儀	柯素娥編譯	150元
80說NO的技巧	廖玉山編譯	130元
81瞬間攻破心防法	廖玉山編譯	120元
82改變一生的名言	李玉瓊編譯	130元
83性格性向創前程	楊鴻儒編譯	130元
84訪問行銷新竅門	廖玉山編譯	150元
85無所不達的推銷話術	李玉瓊編譯	150元

・處 世 智 慧・電腦編號 03

①如何改變你自己	陸明編譯	120元
④幽默說話術	林振輝編譯	120元
⑤讀書36計	黃柏松編譯	120元
⑥靈感成功術	譚繼山編譯	80元
⑧扭轉一生的五分鐘	黃柏松編譯	100元
⑨知人、知面、知其心	林振輝譯	110元
⑩現代人的詭計	林振輝譯	100元
⑫如何利用你的時間	蘇遠謀譯	80元

⑬口才必勝術	黃柏松編譯	120元
⑭女性的智慧	譚繼山編譯	90元
⑮如何突破孤獨	張文志編譯	80元
⑯人生的體驗	陸明編譯	80元
⑰微笑社交術	張芳明譯	90元
⑱幽默吹牛術	金子登著	90元
⑲攻心說服術	多湖輝著	100元
⑳當機立斷	陸明編譯	70元
㉑勝利者的戰略	宋恩臨編譯	80元
㉒如何交朋友	安紀芳編著	70元
㉓鬥智奇謀（諸葛孔明兵法）	陳炳崑著	70元
㉔慧心良言	亦　奇著	80元
㉕名家慧語	蔡逸鴻主編	90元
㉗稱霸者啟示金言	黃柏松編譯	90元
㉘如何發揮你的潛能	陸明編譯	90元
㉙女人身態語言學	李常傳譯	130元
㉚摸透女人心	張文志譯	90元
㉛現代戀愛秘訣	王家成譯	70元
㉜給女人的悄悄話	妮倩編譯	90元
㉞如何開拓快樂人生	陸明編譯	90元
㉟驚人時間活用法	鐘文訓譯	80元
㊱成功的捷徑	鐘文訓譯	70元
㊲幽默逗笑術	林振輝著	120元
㊳活用血型讀書法	陳炳崑譯	80元
㊴心　燈	葉于模著	100元
㊵當心受騙	林顯茂譯	90元
㊶心・體・命運	蘇燕謀譯	70元
㊷如何使頭腦更敏銳	陸明編譯	70元
㊸宮本武藏五輪書金言錄	宮本武藏著	100元
㊺勇者的智慧	黃柏松編譯	80元
㊼成熟的愛	林振輝譯	120元
㊽現代女性駕馭術	蔡德華著	90元
㊾禁忌遊戲	酒井潔著	90元
52摸透男人心	劉華亭編譯	80元
53如何達成願望	謝世輝著	90元
54創造奇蹟的「想念法」	謝世輝著	90元
55創造成功奇蹟	謝世輝著	90元
56男女幽默趣典	劉華亭譯	90元
57幻想與成功	廖松濤譯	80元
58反派角色的啟示	廖松濤編譯	70元
59現代女性須知	劉華亭編著	75元

國家圖書館出版品預行編目資料

逃離地球毀滅的命運/深野一幸著；吳秋嬌譯
—— 初版，—— 臺北市，大展，民85
面；　公分，——（超現實心靈講座；10）
譯自：地球大破局からの脱出
ISBN 957-557-621-7（平裝）

1. 超物理學

330　　85006891

逃離地球毀滅的命運

ISBN 957-557-621-7

原著者/深野一幸
編譯者/吳秋嬌
發行人/蔡森明
出版者/大展出版社有限公司
社址/台北市北投區（石牌）致遠一路2段12巷1號
電話/（02）8236031·8236033
傳真/（02）8272069
郵政劃撥/0166955-1
登記證/局版臺業字第2171號

承印者/國順圖書印刷公司
裝訂/嶸興裝訂有限公司
排版者/宏益電腦排版有限公司
電話/（02）5611592
初版/1996年（民85年）8月

定價/200元

大展好書 好書大展